告别
冒名顶替综合征

从"我不配"到"我值得"的自我突破指南

[美] 吉尔·斯托达德 著
(Jill Stoddard)

濮晓粹 译

Imposter
No More
Overcome Self-Doubt and Imposterism to Cultivate a Successful Career

机械工业出版社
CHINA MACHINE PRESS

Jill Stoddard, Imposter No More: Overcome Self-Doubt and Imposterism to Cultivate a Successful Career

ISBN 9781538724798

Copyright © Jill Stoddard 2023

Simplified Chinese Translation Copyright ©2025 by China Machine Press. This edition is authorized for sale in the Chinese mainland (excluding Hong Kong SAR, Macao SAR and Taiwan).

All rights reserved.

本书中文简体字版由Jill Stoddard授权机械工业出版社在中国大陆地区（不包括香港、澳门特别行政区及台湾地区）独家出版发行。未经出版者书面许可，不得以任何方式抄袭、复制或节录本书中的任何部分。

北京市版权局著作权合同登记　图字：01-2025-0501号。

图书在版编目（CIP）数据

告别冒名顶替综合征：从"我不配"到"我值得"的自我突破指南 /（美）吉尔·斯托达德（Jill Stoddard）著；濮晓粹译. -- 北京：机械工业出版社，2025. 7. -- ISBN 978-7-111-78443-2

Ⅰ. B84-49

中国国家版本馆CIP数据核字第2025NL1058号

机械工业出版社（北京市百万庄大街22号　邮政编码100037）

策划编辑：坚喜斌　　　　　责任编辑：坚喜斌　王华庆
责任校对：李　杉　王　延　责任印制：任维东
唐山楠萍印务有限公司印刷
2025年7月第1版第1次印刷
145mm×210mm·7.625印张·1插页·175千字
标准书号：ISBN 978-7-111-78443-2
定价：59.00元

电话服务　　　　　　　　　网络服务
客服电话：010-88361066　　机　工　官　网：www.cmpbook.com
　　　　　010-88379833　　机　工　官　博：weibo.com/cmp1952
　　　　　010-68326294　　金　书　网：www.golden-book.com
封底无防伪标均为盗版　　　机工教育服务网：www.cmpedu.com

致莉安：
非凡之人，世界上最棒的啦啦队队长。
每天都在想念你。

本书的赞誉

"斯托达德很擅长运用她作为心理学家接受过的广泛训练来解释冒名顶替感的成因，并提供了一份无可挑剔的实用指南来帮助我们找回力量和信心。这是一本很棒的书。"

——伊芙·罗德斯基（Eve Rodsky），《公平游戏》（*Fair Play*）与《寻找你的独角兽空间》（*Find Your Unicorn Space*）的作者

"'我真的比同事更值得这次晋升吗？其他妈妈能看出我比别人更手忙脚乱吗？我能满足上司对我的期望吗？'任何曾被自我怀疑困扰的人都应该读读这本书。本书帮助我们找出引发这种消极情绪的根源，以及如何克服它，从而让我们过上更加自信和勇敢的生活。"

——埃里卡·索特（Ericka Sóuter），《早安美国》（*Good Morning America*）节目的常驻嘉宾，《如何一边带孩子一边过好自己的生活》（*How to Have a Kid and a Life*）的作者

"哎呀，我该不会是一个写推荐语的冒充者吧？我真的很喜欢书里俯仰皆是的人生启示，从开篇那句：你担心自己不擅长的事情其实是你真正在乎的事情，到更多振聋发聩、拯救灵魂、改变人生的智慧之语。简直取之不尽用之不竭！"

——兰诺·史坎纳兹（Lenore Skenazy），《学会放手，孩子更独立》（*Free-Range Kids*）的作者，Let Grow组织的主席

"如果你怀疑过自己的能力，因为内心不安而放弃过，或者为了证明自己而玩命表现，那么这本书你绝不能错过。斯托达德以全新的视角审视了冒名顶替综合征，并提供了发展理想职业的有力工具。读完这本书，你再也不会甘于平庸。"

——尼尔·埃亚尔（Nir Eyal），《不可打扰》（Indistractable）的作者

"本书引人入胜，与我们产生共鸣，提供了实用建议，帮助我们克服自我怀疑，建立自信。斯托达德巧妙地将故事与科学相结合，为我们提供了在工作和家庭中克服不安全感的实用指南。"

——凯蒂·米尔科曼（Katy Milkman），《华尔街日报》（Wall Street Journal）畅销书《如何改变》（How to Change）的作者

"想要摆脱冒充者思维，写出你一直想要写的那本书吗？本书告诉你该如何做到。这本书非常实用，读起来轻松愉快，而且充满希望。"

——珍妮·纳什（Jennie Nash），作家养成机构"作者加速器公司"（Author Accelerator）首席执行官，《写书指南》（Blueprint for a Book）和《非虚构类图书写作指南》（Blueprint for a Nonfiction Book）的作者

"如今，我们或许比以往任何时候都更容易将宝贵的时间和精力浪费在自我挫败的行为上，这些行为让我们对自己的能力产生怀疑。本书是你的实用指南，教你如何在工作和生活中拿回掌控感，重新开始。"

——帕特里克·J.麦金尼斯（Patrick J.McGinnis），"FOMO"

（错失恐惧）一词的创造者，《错失恐惧》（*Fear of Missing Out*）和《10%创业家》（*The 10% Entrepreneur*）的作者

"本书是任何在生活中曾经历过冒充者现象的人的必读之书——而正如书中所言，谁没有经历过呢？心理学家吉尔·斯托达德，以热情、智慧和幽默，采访了一系列专家，并分享了她个人生活和职业生涯中的相关经历，为我们提供了一切具有科学性的技能和策略，帮助我们理解和战胜自我怀疑，保持真我，实现目标。"

——菲利斯·L.费格尔（Phyllis L.Fagell），执业心理治疗师、记者，《初中那些事儿》（*Middle School Matters*）和《初中超能力》（*Middle School Superpowers*）的作者

致 谢

首先，我要感谢众多老师、导师和同事，你们在接纳承诺疗法（acceptance and commitment therapy，ACT）和心理灵活性方面对我的学习和成长做出了巨大贡献。没有你们，我的人生将会全然不同——不仅仅是职业生涯，还有我的生活方式。要感谢的人太多，无法一一列举，所以我感谢来自情境行为科学协会（ACBS）的全体成员。我要感谢整个ACBS大家庭，包括所有会员和工作人员。ACBS为我提供了超乎想象的职业归宿。感谢全体成员一直以来给予我的智慧启迪与温暖支持。正是在ACBS世界大会上，我主持的冒名顶替综合征小组讨论所激发的灵感火花让我走上了本书的创作旅程。

我的职业使命是分享那些让我活出精彩人生的心理灵活性技巧，从而让其他人也能做到。感谢那些为我提供平台去实现这一使命的人。我的第一家出版社New Harbinger和策划编辑凯瑟琳·迈耶斯（Catharine Meyers）给了身为无名之辈的我一个机会，让我出版了我的前两本ACT书籍。我的梦想是成为一名作家——签约自己的文学经纪人，并能在五大出版社出版作品。如果没有那两本书，这一切可能永远都不会发生。

感谢我的经纪人吉尔·马萨尔（Jill Marsal），她看到了我的潜力以及这本书的潜力，尽管我当时还没有机会在世界上最大的平台上崭露头角。感谢她帮助我实现了签约经纪人并在五大出版社出书的梦想。在很长的一段时间里，我都不敢相信这不是在做梦。

感谢我的编辑娜娜·K.特武马西（Nana K. Twumasi）。我太喜欢跟你合作了。你拥有完美的编辑整合技巧，既可以让一本书变得更好，同时又保持作者的声音。我喜欢你的问题、见解和建议，特别契合我的直觉——你可能想象不到它们有多少次让我在写作和编辑过程中受益匪浅。你还应该赢得"全球响应最快速编辑奖"。即使在我不需要联系你的时候，我仍然非常安心，因为我知道只要我有需要，你会第一时间出现。同时，也要感谢Balance出版社、Grand Central出版社和Hachette出版社的其他成员。将作者的思想和文字传递给读者，的确需要整个团队的努力。

写作，是一项孤独的工作，写着写着，难免思路顾此失彼，文字不知所谓。我非常感激我的写作伙伴和智囊团：亚埃尔（Yael）、黛比（Debbie）、塔玛拉（Tamara）和艾米丽（Emily）。感谢你们考虑周到的修改建议、源源不断的鼓励支持和尤为珍贵的职业建议。

亚埃尔和黛比，你们不仅是我的写作伙伴，还是我的播客主持搭档和挚友。有时候，我仍然难以置信我们在线下只见过两次面！我永远都感激有机会加入《全天候心理学家》（*Psychologists Off the Clock*, POTC）播客——它在很多方面彻底改变了我的生活，是一份让我感受到活力、充实、有深刻意义的工作。我很看重我们关系里所体现的合作和支持，要不是你们，这本书就不会是现在的样子。

迈克尔·赫罗尔德（Michael Herold），感谢你邀请我作为嘉宾参加《魅力艺术》（*Art of Charm*）播客，谈论冒名顶替综合征。当时，我确实感觉自己像个冒充者，但那次经历正是我写这本书的契机。感谢你对这本书的贡献，感谢你像一束光出现在这个时常黑暗的世界。

凯蒂·罗斯菲尔德（Katy Rothfelder），感谢你帮助我这个不再是学术圈的人获取所需的研究文章，以及在书籍研究初期给予我的重要支持。

爸爸，你是我人生中的第一个榜样，让我选择充满勇气地活出生命的全部，而不是安于局限的人生。你可能是个"白人钢铁直男"（WHMP，这里可能是作者对父亲的一种亲昵而幽默的称呼），但我相当肯定，我已经成功地把你也转变成了一名女性主义者。爱您。

致我的爱人比利（Billy），过去两年多来，和你一起在家工作真是一段难忘的经历。我知道我并不总是喜欢你在我写作时突然出现，但我确实感谢你容忍我工作时暴躁情绪的耐心。你的宽容、幽默、体贴和聪明是我最喜欢的。感谢你在我分享写作的关键章节时所给予的热情。爱你。

斯嘉丽（Scarlett）和利亚姆（Liam）（抱歉，我应该叫你威廉），感谢你们即使在妈妈心理灵活性不够用时也爱着妈妈。我保证，我每天都会更加努力。

感谢每一位分享故事的人，包括我的一些来访者，你们给书里的隐喻和练习提供了很有想法的点子，让我得以借鉴和引用你们的人生经历和生活智慧，好让本书更加贴近生活。这真是一种荣幸。

最后，感谢我亲爱的朋友莉安·哈里斯（Leann Harris），她不幸英年早逝。在莉安与作家养成机构（作者加速器公司）的认证过程中，我很幸运地成了她第一批书籍写作辅导客户之一。我们经常交谈、发短信、视频通话。她是我最棒的啦啦队队长，即使在我内心质疑自己是冒充者的声音甚嚣尘上时，她仍然让我相信我非写这本书不可。我深信，要不是莉安［还有珍妮·纳什的《写书指南》和杰丝·莱希（Jess Lahey）的提案样本，这两者都是莉安通过作家养成机构提供给我的］，我签约经纪人和五大出版社的梦想不可能实现。我很肯定，莉安的在天之灵还在默默地帮助着我。

目 录

本书的赞誉
致谢

第一部分　理解

第一章　你可能是个冒牌货　...002
　　冒充者现象　...006
　　并非偶然的冒充者　...013

第二章　你是哪种类型的冒充者　...019
　　冒名顶替综合征的亚型　...023
　　共通之处　...031

第三章　无法治愈（但另有出路）　...033
　　冒名顶替感与成功　...036
　　冒名顶替感的循环　...037
　　规则就是用来打破的　...047

第二部分　进阶

第四章　摆脱自动驾驶：活在当下的馈赠　...052
　　大家请注意！　...053
　　痛苦 × 活在当下 = 自由　...059

第五章　牢记初心：对于最终的意义日益清晰　... 063
　　价值：你的初心　... 065
　　选择决定成败　... 075

第六章　看淡结果　... 084
　　重新定义成功　... 086
　　面临各种可能性的选择时刻　... 092
　　属于我的当下　... 096

第七章　严苛的内在批评家　... 098
　　直面内在批评家　... 099

第八章　选择何时倾听（以及如何屏蔽）　... 108
　　与冒充者思维重建关系　... 111
　　识别"差距陷阱"　... 118
　　缩小差距　... 119

第九章　恐惧、自我怀疑、羞耻感，以及舒适区的诱惑　... 126
　　着火与烤焦的吐司　... 128
　　习惯性逃避　... 130
　　完美主义者雪莉　... 139
　　并非所有逃避都是"坏的"　... 141

第十章　五种逃避策略　... 144
　　行动派　... 145
　　隐藏派　... 146
　　冲动派　... 147
　　依从派　... 148
　　思考派　... 149

目录

第十一章　学会在不适中舒适　...152
　　纠结的解药　...153
　　愿意感受不适　...156
　　锻炼你的味觉接受力（果冻怪味豆大挑战）　...162
　　你愿意感受到什么？　...169

第三部分　活出生命的全部（而非局限）

第十二章　在一起，我们可以：联结社群，改变世界　...174
　　如何培养社群　...178
　　如果你压根看不到可能，你还能实现它吗？　...183
　　影响力是你的超能力　...187

第十三章　自我同情　...193
　　自我批评　...195
　　自我同情　...196
　　同情的流入　...201

第十四章　继续前行　...205
　　心理灵活性的终极探索之旅　...206
　　本书的独特之处　...213
　　允许我为你"铺"一条路　...214

参考文献　...217
关于作者　...230

XIII

第一部分　理解

第一章
你可能是个冒牌货

> 人们对我毕生工作的过分敬仰让我感到非常不安。
> 我不由自主地觉得自己是个骗子。
> ——阿尔伯特·爱因斯坦（Albert Einstein）

你应该有过这种感觉——你很清楚同事们随时会发现你对手头的事一窍不通，你都不清楚自己是怎么混到这个位子的。你会告诉自己，这全靠运气，要么就是公司请错人了。其实，我也有过这种感觉。我很肯定自己被竞争激烈的研究生院录取的唯一原因，是我爸爸认识那里的项目主任。

这一切始于我在心理学硕士项目中的一位导师，他建议我申请波士顿大学的博士项目，师从世界著名的焦虑症专家戴维·巴洛（David Barlow）。当时我还没听说过巴洛博士，但查了他的资料后，看到波士顿大学的录取率仅有1%~2%，立马觉得自己肯定没戏。尽管如此，我还是申请了。

当时我住在圣迭戈（San Diego），但波士顿是我的老家。我在波士顿西部约20英里⊖的一个郊区长大［内蒂克（Natick）——著名的四分卫道格·弗鲁蒂（DougFlutie）的故乡，也是《恶搞

⊖ 1英里=1609.344米。

之家》(Family Guy)中出现的奶油蛋糕工厂所在地〕。我没有告诉父母我申请了波士顿大学,因为担心家里会给我压力。再说,即便告诉他们,我也肯定不会被录取,何必徒增烦恼呢?

最终,这个秘密让我难以承受,不得不向父亲坦白。他问:"戴维·巴洛?那位心理学家?"

什么?我父亲是个商人,对心理健康领域一无所知,更不知道什么心理学家。但是,显然他对戴维·巴洛并不陌生。他们同属一个高尔夫俱乐部,还一起打过几次球。

当父亲再次见到巴洛博士时,告诉他我正在申请这个项目。几个月后,奇迹发生了——我竟然被录取了。

我在博士项目中表现出色,毕业后也取得了一系列成功。我创建并经营着一家价值百万美元的企业,出版了三本书,共同主持了一个下载量达数百万次的热门播客,还受邀做过一场TED演讲,为几十个组织做过报告。但是,即使在二十多年后的今天,我依然担心平庸如我,之所以能被那个优秀的博士项目录取,主要是我父亲的缘故。事实上,在这一刻,当我写下这些文字时,我也在担心你会想:"嗯,这听起来就是这么回事。"

如果你拿起这本书,我想你一定能感同身受。也许你正处在某个不确定自己是否配得上的职位上,或者你的脑海中总是浮现出一些想法,试图破坏你的职业梦想,你常常质问自己:"你以为自己是谁?"嘲笑自己:"你不过是个门外汉罢了,你没有什么新颖、重要或有价值的东西可以提供。你不过是无名之辈,永远也成不了什么气候。你现在的机会不过是机缘巧合罢了。你永远都赶不上其他人。随时都可能被揭穿,你不过是个冒牌货罢了。"这些想法你是否感同身受?如果是这样,朋友,我们就是同路人。实际上,许多成功人士在心底深处,常常都会对自己的职业成就产生质疑。

当我最初决定要写这本书时,我正在和一位写作指导莉安(Leann)合作。尽管之前我已经独自写完了两本书,但我不可能完全靠自己完成这本书的创作,这你应该懂吧。她让我写一页纸的内容,来回答这个问题:"你为什么要写这本书?"在读完我的答案之后,她问我:"你觉得自己是个会写作的心理学家,还是个懂心理学的作家?"天哪,这个莉安,太会问了。事实上,我是后者,但意识到这点时,我瞬间就被自我怀疑和冒名顶替感吞没了。我尴尬极了,心里立刻有个声音:"你就是个笑话。你现在不是,以后也不可能是个真正的作家。你不过就是个想当作家的心理学家。"我确实出版过书籍,可是这并不重要。事实上,如果我为了让自己好受些就提醒自己这一点的话,我的大脑就会反驳说:"是,没错,但那些书是由一家小出版社出版的,你甚至连个经纪人都没有,你的预付款也少得可怜,而且它们完全没有登上畅销书榜。"唉。

莉安之所以这么问,是因为她心里已经有了答案。我热爱写作,通过写作,我可以分享心理学中基于证据的理念,帮助人们成长(这些理念正是我会在本书中与你分享的)。我想让写作成为我职业生涯中更重要的一部分。为了实现这一点,我必须要写得好。我太渴望能写得好了。这对我来说很重要。于是,我陷入了冒充者的心态。

如果你去看看自己冒名顶替综合征最严重的地方,你会发现,对你来说最重要的东西是什么。那个声音告诉你,你不够优秀,你是个冒牌货,其实,它是在保护你免受失败和羞辱。同时,它也是一个巨大的红色霓虹灯箭头,指出了什么最重要——因为如果你不在乎,你就不会担心被人看穿自己的无能。

第一章　你可能是个冒牌货

我不是运动员。你知道这个说法吗？人们会说"这就像骑自行车"，意思是，一旦你学会了，就永远不会忘记。好吧，但当我在十年没骑车之后重新骑上自行车时，我立马就摔倒了。不过，我从未担心过被人拆穿在骑车上的无能。为什么呢？因为我不在乎自己是否有骑两轮车的能力。然而，我的确担心被拆穿自己是个不会教孩子骑车的坏妈妈，因为我非常在意这一点，希望大家都觉得我是个称职的好妈妈。那么，检查一下你自己的经历。你在哪些方面担心被人揭穿能力不足，又在哪些方面不担心？这与你内心深处真正在乎的东西是如何形成关联的？

也许，我们可以带着这些冒充者的想法和感受，投身于自己的职业梦想，而不被它们左右。

我仍然深受冒充者心态的困扰。所以，如果我自己都没有被治愈，又怎么能为其他有冒充者心态的专业人士写书呢？这岂不是有点像一个身高只有5英尺3英寸（约1.6米）的人来教你如何长高吗？好像是有点。当然，我也掌握了一系列心理学技巧来克服冒名顶替感。这些都是实打实的技巧，我依靠这些技巧，建立了自己的事业、写作并推广了书籍、进行了TED演讲、与人共同主持了播客，以及在充满自我怀疑和不安的同时，还能够给数百人做演讲。这意味着，虽然我心中有一个非常大声且吹毛求疵的声音想给我贴上"冒充者"的标签（我叫她希拉——我稍后会谈到她），但我几乎从未让她得逞。就像西·斯珀林（Sy Sperling）和他的"男士美发俱乐部"（Hair Club for Men）[一]一样，我不仅

[一] Sy Sperling是Hair Clob for Men的创始人，因公司无处不在且略带尴尬的广告而成为流行文化偶像。

是这个"冒充者俱乐部"的创始人,也是它的客户(我可是个"80后")。

冒充者现象

就在2020年新冠疫情暴发之前,我有幸参加了在马萨诸塞州(Massachusetts)西部伯克希尔山(Berkshire Hills)湖畔的克里帕卢(Kripalu)瑜伽与健康中心举办的写作静修活动。这个风景如画的校园坐落在湖边,尽管春天即将到来,但地上仍留着积雪。宿舍般的房间装饰着20世纪50年代风格的双人床和粉色瓷砖的浴室。我和我一生的好朋友朱莉(Julie)一起参加了这次活动,朱莉是一位哈佛大学毕业的建筑师,在母亲过世后开始写作。在静修的第一天,我们坐在礼堂后面僵硬的没有扶手的椅子上,因为来得太晚,没能抢到前面的冥想垫。我扮演作家的角色,手握水笔,随时准备在本子上记些什么。伟大的达尼·夏皮罗(Dani Shapiro)盘腿坐在舞台中央的一把扶手椅上。她举止平静,声音温柔而睿智。

"你们中有多少人是作家?"她对着珍妮弗·洛佩兹(J.Lo)式的潮流耳麦问道。

几只手零星地举了起来。我和朱莉没有举手。

"你们中有多少人写作?"

两百只手都伸向了天空。我的下巴都快掉下来了。

我心想:你算吗?

在几个分组讨论中,我听着那些号称作家的写作者朗读他们的作品。这些文字,就好像是针对写作训练提示所生成的未经润色的回复,当然,他们也确实写得不错。这群人都很有才华。然而,他们却不认为,或者也不能认为自己是真正的作家。我们简直是一群冒牌货。

尽管当我把自己视为作家时,我感觉像在冒名顶替,但是当你在以下场景中,例如想要寻求升职、争取大客户、在会议上分享想法、学习新技能、与更有经验的同事合作、在论坛上发言、展示自己的创意作品、考虑职业转型另起副业,或是打造社交媒体形象等,你也会感到自己像个冒牌货。自我怀疑会以各种各样的方式露出丑陋的嘴脸,让你觉得自己像个冒充者,这样的情况肯定少不了。

不过,不必担心。我将分享我之前提到的心理学工具集合,帮助你以一种全新的方式应对冒名顶替感。首先,让我们来看看冒充者现象是什么,哪些人最容易受到它的困扰,以及它是如何发展的。

冒充者现象最早由保利娜·克兰斯(Pauline Clance)博士和苏珊·艾姆斯(SuzanneImes)博士于1978年提出,后来,在流行文化中,"冒名顶替综合征"逐渐被大家熟知。在她们对高成就女性的原始研究中,克兰斯和艾姆斯将"冒充者现象"描述为"一种认识到自己在造假的内心体验",冒名顶替感很顽固,哪怕客观迹象表明事实并非如此[1]。换句话说,深受冒充者现象之苦的人,在外人看来光鲜亮丽且成功,但他们内心却并不相信自己,无论他们已经取得了多少成就。当他们身为精英群体的一员时,他们还会质疑自己存在的合理性以及自己是否真的属于那个群体。他们认为别人高估了他们的能力[2],这导致他们害怕"被判出局"或暴露自己是冒牌货。

在我们的一生中,高达70%的人会或多或少地受到冒充者现象的影响。起初,人们认为这种现象只出现在高成就的女性中[3],

但现在人们意识到，它的影响范围要广泛得多，可能在边缘人群中更为普遍[4]。那么，那些从未经历过冒充者现象的幸运的30%又是谁呢？嗯，我爸就是其中之一，但我稍后再去聊他。在这些非冒充者中，还有一些人犯有一种被称为邓宁－克鲁格效应（Dunning-Kruger effect）的认知偏差[5]。邓宁－克鲁格效应是一种自我认知的失败，即能力有限的人错误地高估了自己在某一特定领域的知识、技能或能力。由于这些人缺乏综合能力，他们无法认识到自己的不足，因此也不会怀疑自己的现状与能力是否匹配，更不会质疑自己有没有资格加入某个群体。换句话说，他们没有聪明到可以知道自己不聪明。也许查尔斯·达尔文（Charles Darwin）说得最好："无知往往比知识更能产生自信。"

我爸不属于邓宁－克鲁格效应的那类人。他既有能力，又（通常来说）有自知之明。我和我哥哥喜欢叫他巴德（Bud）或巴迪（Budsy），他是一个75岁的"白人钢铁直男"（WHMP，发音为"wimp"，意为认同超男性化特权的白人异性恋男性）[6]。当我告诉巴迪我主持了一个关于冒名顶替综合征的专题研讨会时，他说："什么？那是什么鬼东西？"我继续解释，心想即使他不知道这个术语，也一定能理解这种现象，但他还是彻底懵圈。他从没感觉自己像个冒牌货。这让我觉得很神奇。我爸是一个成功的企业家。在我妈留在家里照顾孩子的那段时期，他开办了一家公司来养活一家五口。幸运的是，公司盈利了，但他从未想过自己可能会失败。他从未有过"我其实不是企业家"这种怀疑自己的想法，即使他之前从未创办或经营一家公司，他唯一做过的生意，就是在大学里让他的好哥们付费使用他的蒸汽浴室。

在西方文化中，欧洲裔、异性恋、顺性别、非残疾的男孩被培养出这样一种信念——他们相信自己可以做任何事情，可以成为任何人。他们从一开始就有机会参与各种决策讨论。而女孩（尤其是体型较大的女孩）、非洲裔、印第安裔和其他少数族裔、移民和残疾人士则历来被告知他们不属于主流人群。例如，如果你像我一样属于X世代，我们的母亲在成长过程中被教导，她们长大后可以做老师、秘书、护士或母亲。当我爸自信地创办了公司，并且从不质疑这是否是他的职责的时候，和他同时代的女性，如果敢于涉足商业领域，科学、技术、工程或数学（STEM）领域，或其他传统意义上不属于女性的领域，她们很可能会经历冒充者现象。

同样的情况也可能出现在其他边缘化群体中。对于非洲裔来说，直到1965年，禁止他们占据欧洲裔空间的法律才被废除（而由于当今的种族主义，他们仍然被排斥在外），冒名顶替综合征可能是常态而非例外。《美国残疾人法案》(*The Americans with Disabilities Act*)直到20世纪90年代才通过，而在美国以外的许多国家，对残疾人的照护设施仍然糟糕透顶。同性恋直到1973年才被认定为非精神疾病（当时，女性在申请信用卡和银行账户时仍然需要男性共同签署人！）。世界卫生组织直到去年才将性别识别障碍（trans★identification）从精神疾病中移除，而美国精神病学协会（American Psychiatric Association）依然将性别焦虑障碍纳入《精神障碍诊断与统计手册》(*Diagnostic and Statistical Manual of Mental Disorders*)。人们只要看看当前的新闻报道，就能知道这个国家半数人对移民持何种态度。任何来自这些被剥夺权利的群体中的人，如果他们奢望有资格参与决策讨论，而不太久远的历史却表明这种话语权本不属于他们，那么他们可能更容易体验到冒名顶替感。

然而，关于种族、性别、性取向和能力在冒名顶替综合征中所起的作用的研究并不完全明确。设计精良、科学严谨的研究竟然十分缺乏。事实上,虽然冒名顶替综合征在流行文化中得到了广泛的讨论,谷歌搜索结果近2500万条,但像PubMed这样的权威研究数据库返回的结果却只有大约150条。在已发表的关于冒名顶替综合征的研究中,大多数只是一些简单的相关性设计,没有告诉我们这个症状的起因和影响,而且许多研究完全没有提及发病率。

为了理解相关性的表现可以多么无厘头,我来给你举个例子。假设我告诉你吃冰激凌和溺水之间存在强烈的正相关:人们吃的冰激凌越多,溺水的人就越多。这是否意味着吃冰激凌会导致溺水呢?当然不是。这只是意味着这两者都在夏天发生得更频繁。可见,只谈论相关性实在是毫无意义。据报道,冒名顶替综合征与某些情绪状态和人格特质存在相关性。然而,就像上面所提到的冰激凌的例子一样,这些相关性几乎没有给到我们有意义的信息,而且可能会让我们产生不准确的理解和假设。为了避免这种情况,我在这里不会报告相关性研究的结果。

有几项研究关注了少数族裔群体中的冒名顶替综合征。其中一项研究发现,大学生中的冒名顶替感与心理健康状况的关联程度,比其与少数族裔身份压力的关联程度更为紧密[7]。然而,重要的是,用于识别冒名顶替感的主要评估工具基本都是在欧洲裔群体中得到验证的。这意味着,我们不能确信这些结果准确地代表了非欧洲裔群体在冒名顶替综合征方面的体验。

尽管一些专家提出女性更容易经历冒充者现象[8],但是数项研究均未能证明"冒名顶替感"存在性别差异[9]。然而,这些研究并没有密切关注边缘化问题。换句话说,他们没有将男性认同(male-identifying)的参与者细分为处于优势地位的欧洲裔男性和非 WHMP。如果只将非边缘化的男性作为对照组，性别差异可能会显现出来。

尽管如此，围绕性别的文化期望可能是解开冒名顶替综合征之谜的一个重要环节。有一项研究调查了绩效评估对报告有冒名顶替感的男性和女性的影响[10]。那些有冒名顶替感的男性（他们的社会化人格为有能力且独立）在面对负面反馈时反应不佳。当他们需要对更高权威负责时，表现出更高的焦虑、更低的努力程度和更差的表现。而那些有冒名顶替感的女性（她们的社会化人格为具有集体意识）在收到负面反馈时却展现出更积极的努力和表现。因此，尽管目前尚不清楚冒名顶替综合征的普遍程度在不同性别间有多大差异，但当负面反馈出现时，冒名顶替感可能对男性和女性产生不同的影响。

在我作为治疗师、演讲者和播客主持人的经验中，我与许多人探讨过他们的冒名顶替综合征，那些自认为有边缘化历史的人（包括来自非性别少数群体的男性）似乎更有可能体会冒名顶替的感受。然而，还需要更深入的研究来切实验证这一点。

归根结底，冒名顶替感可能出现在任何一种感觉自己像局外人的情境中。在养育孩子或是照顾家人的时候，可能会这么想：我不知道我该做什么；妈妈们比我们这些爸爸们更擅长处理这些事。在干了一份新工作时，也许会这么想：我只是个新手；我可不像那些高收入专家那样是一个成功的销售人员。在接了个兼职或者开了个副业时，大概会这么想：我不是真正的艺术家；我甚至不能靠这个养活自己。这种念头也可能出现在众多为人熟悉的情况下，比如众所周知的竞争激烈的圈子（如学术界），或者在年轻就是王道的行业（如体育界、科技界），又或者当某人因为家族传承、沾亲带故的家族特权或教育公平政策而被学校录取时

（比如，我之所以被录取，只是因为我姐姐曾在这里就读/我爸爸认识校长/我是少数族裔的一员）。

> **"冒名顶替综合征"？**
>
> 尽管冒名顶替现象已被重新定义为"冒名顶替综合征"，但近期有人指出这一称呼存在问题。该术语不仅将一个近乎普遍的现象病理化，而且如果我的边缘化假设成立，那么经历这一现象的人往往是因为遭受了社会压迫，而非心理失调。反对使用"冒名顶替综合征"这一术语的另一个原因在于，它将责任归咎于个体，而没有考虑到文化背景，解决问题的焦点变成了修复个体，而非修复系统[11]。我完全赞同这一观点。当然，如果系统和组织能够得到改善，很多事情都会向好的方向发展。我们将在第十二章中探讨推动这种改变的一些方法。
>
> 与此同时，正如年轻人喜欢的话题标签，#"挣扎是真实的"（现在的年轻人还会这么说吗？#我是个中年妈妈）。如果我们中有高达70%的人都在与冒名顶替感做斗争，不论其根源何在，且这种冒名顶替的心理正在产生负面影响，那么寻找个体层面的不同应对策略就显得尤为重要，同时我们还需要努力推动系统和组织的改变。也就是说，语言和文字具有力量，因此，在本书接下来的部分，我将使用"冒名顶替感"（imposterism）、"冒充者念头"（the imposter voice）、"冒充者体验"（the imposter experience）、"冒充者思维"（the imposter thoughts）和"冒充者现象"（the imposter phenomenon）等术语，而不是更普遍的"冒名顶替综合征"。我希望，你也能考虑和我一起进行这场文化重塑！

并非偶然的冒充者

在我成长的过程中,父母叫我"小胖墩""小胖妞"和"憨憨的胖墩墩",他们本以为这样能防止我从"婴儿肥"发展为"成人胖",但可想而知,结果恰恰相反。我的父母深爱着我,想让我拥有最好的一切,但他们很少用言语或肢体来表达爱意。相反,他们更看重我的成绩和能够让我进入好大学的其他成就,这些才是他们表扬我的内容。相比之下,我的外貌却经常成为他们批评的对象。当我穿上裙子,梳妆打扮,为出席活动做准备时,我妈妈竟然会问我:"你不打算上点腮红吗?"他们甚至在我9岁时就让我节食。

为了回应这些,我努力去取悦他人,以此来获得爱与接纳。大概在我第一次节食的那段时间,我开始在学校做志愿者。我当过校园安全巡查员,还担任过负责校旗的护旗手。我如此渴望得到认可,以至于10岁那年,我还是愿意强压着内心的恐惧在数百人面前发表演讲。我成绩优异,加入了合唱团。初中,我加入了啦啦队。高中时,我入选了国家荣誉学会,还当选为学生会主席。我遵守(大部分)规则,表现得友善、得体、随和,就像所有人期望的女孩应有的样子。这些确实为我赢得了父母的赞扬,但也都无法减少他们对我外貌的吹毛求疵。回想起来,我意识到这些评头论足其实源于他们自己的不安全感,他们想成为好父母,也想让我能在这个残酷的世界里过得不错。但等我能充分理解这一点,需要花费时间,以及接受心理治疗。

在成长的过程中,我总是因为外貌而受到批评,这让我逐渐在心里不断地跟自己讲"我还不够好"。具体来说,就是我还不够瘦、还不够漂亮、还不够让人满意、还不够可爱。冒名顶替感正是这种跟自己心理对话的衍生物,即担心自己还不够好的真面目会随时被拆穿。冒名顶替感似乎形成于人类早期生活经历和进化规划之间复杂的相互作用。让我们来看看冒名顶替感是如何在你身上生根发芽的。

早期生活经历

当我们还是年轻人的时候,我们需要以有意义的方式来解释和理解我们的经验。经过一番努力,我们逐渐形成了对于我们自己、他人、世界和未来的核心信念或叙事[12]。

这些叙事是早年形成并固化的,还会根据我们日后的生活经历而改头换面。在高中时,我认为:"没错,我是学生会主席,但如果我搞砸了某件事情,大家就会知道我其实有多不堪重任。"现在,许多年后,我是这么想的:"没错,我做过TED演讲,但他们随时都会发现我名不副实。"

如果你的父母对你期望很高,无论你做什么或怎么做,你似乎都无法让他们满意,那么你很容易就会带着一个"我不够好"的心理叙事,冒名顶替感也会如影随形般存在。所以,当你想要追求一个职业目标时,那个内化的声音就会提醒你,你还不够好。又或者,也许你已经赢下了你的第十个奖项,但你仍然觉得自己还不够优秀,因为无论取得多少成就或成功,都无法抹去你早期的经历以及由此形成的心理叙事。

令人沮丧的是,相反的情况可能也成立:如果你的父母对你赞不绝口,你可能也会经历冒充者现象。也许,无论你取得了多么微不足道的所谓成就,你的父母都会为此欢呼雀跃。你刚才自己滑下滑梯了?哇哦!这运动衫的拉链是你自己拉起来的吗?你真是个聪明的孩子!马桶上的画是你自己用手涂鸦出来的?我一点儿都不夸张——你可能就是下一个毕加索!这些过度的表扬也可能使你产生自我怀疑和冒名顶替感。为什么呢?因为虽然你当时还小,但你内心深处一定知道自己其实并不值得这些表扬。所以现在,哪怕你做了一次出色的演讲,出色到赢得了全场起立鼓掌,但你却把任何积极的反馈都归结为观众"只是出于礼貌"。

除非我们真的有时光穿梭机可以回到过去,否则我们早年的经历是永远无法改变的。大多数流行心理学和关于冒名顶替感的书籍都会让你相信,击败内心冒充者念头的关键在于改变你的消极想法,并坚定地相信自己就是一名专业人士。你可能已经读过一两篇标题为"五个积极思考的小技巧"或"如何相信自己"的博客文章。但事情没那么简单。

不幸的是,这些来自早年经历的自我叙事是根深蒂固的,而人类并不具备"一键删除"这些自我叙事的心理机制。幸好,还有一种替代方法,我将在第二部分与您分享。首先,为了理解为何这些叙事如此根深蒂固,我们可以追溯到几十万年前的人类起源。

进化对于人类心理的塑造

与其他哺乳动物不同,早期的人类没有锋利的牙齿或爪子,也没有高速奔跑的能力。但他们有彼此。那些能够互助并一起狩猎、采集、旅行的人们具备了生存优势[13]。在这种情形下,这个团体里的成员们能否经常检查自己的状态和自己在团队里的地位就变得非常重要了:我有没有尽职尽责?我是否有价值?我的团队会接纳我吗?我有被团队驱逐的风险吗?更重要的是,当某个成员处于支配地位时——即他是这个团体里最优秀的,或者最聪明的,或者最强壮的成员——他就拥有了繁殖优势,更有可能让他的基因得到传播。而被团体发现自己是个不合格的成员则构成了严重的生存威胁，因此对此忧心忡忡并千方百计地防止露出马脚是一种适应性的心理机制。换句话说，进化会塑造生存下来的适者的心理，让他们容易产生自我怀疑、喜欢进行社会比较，以至于最终产生了冒充者体验。如今，坦然接受自己是个平庸的会计师，并不是什么事关生死的大事，但我们的大脑还没有进化到能够巧妙地分辨真正的威胁和单纯的焦虑的水平。

既然说你无法改造源于进化的心理机制，或者改变你的童年经历，或者改写你的自我叙事，那么你可能会思考，如何才能成为那30%没有冒名顶替感的人呢？有可能，你逃过冒名顶替感，因为你压根意识不到自己的不足（想想你自己，再想想邓宁-克鲁格效应人群，讽刺的是，他们压根不知道你是谁，也不像你正在读这本书）。还有一种可能，那就是你聪明，又有能力，并且对此从不怀疑。（想想你自己，再想想我爸爸的例子）也许你会想，你需要学会更像我爸巴迪那样。为了克服冒名顶替感，你可以建立自信，学着不再质疑自己。也许要做到这一点，你只需要多了解一些你的行业知识，再多参加一个在线课程，多读一本关于成功学的书，或者再多拿一个学位或证书。听起来很熟悉吗？如果是的话，你已经知道那不会起作用，因为你已经都试过了。或者更准确地说，你还在尝试。

我所知道的是：没人能达到这样的境界，"我成功了——我是一个无可置疑的专业人士，对于我的能力是否足以让我表现良好，受到认真对待，通过任何挑剔的眼光，我从来没有过哪怕丝毫的怀疑！"（除非你是一个狂妄的自恋分子，但那样你肯定也不会在读这本书了。）因为只有当你认为某件事对你很重要时，你才会去做。某件事越重要，你就越会担心自己能否做得好。无论

第一章　你可能是个冒牌货

你受到多少赞扬，实现了多少目标，你都不会达到这种完全没有自我怀疑或冒名顶替感的程度。即使赢得诺贝尔奖也无济于事，无论你多少次告诉自己"只要我能拿下这件事，我总该觉得自己是名副其实了"，总会有些事情触发你的自我怀疑。哪怕只是遇到另一个专业人士的杰出作品，都可能让你回到"我永远也不会那么好"的状态。每当我正在学习一些心理学的新观念或者正在向公众传播这些新观念时，我内心自我怀疑的声音就最为震耳欲聋，因为我太在乎了。参加培训课程、向大师学习有助于提升自我，但也触发了我"永远达不到大师水准"的想法。

我们的冒充者体验是真实存在的。很久以前我们大脑的设定就是为了比较，而现代技术的进步也为持续进行比较提供了充分的条件。社会、文化和成长经历影响了我们那颗容易产生匮乏感和冒名顶替感的玻璃心。所以你看吧，如果你的事业对你很重要，你又想成功，那你就无法逃避这些想法和感受——而且你可能永远无法从70%当中的一个变为那30%的一分子。事实上，尽管我们很想相信，我们爬得越高，就越有可能摆脱冒名顶替感，但爬得更高就意味着更高的期望。换句话说，人们期望一个首席执行官所知道和做到的事情要远远超过一个邮件收发室的职员。因此，伴随着成功，冒充者念头往往会越来越强烈，而不是越来越安定。

好消息是，还是有方法可以应对你那些艰难的想法和感受，这样它们就不会阻碍你去追求你最渴望的职业生涯。我会为你指点迷津，但前提是，我们将探讨冒名顶替感可能以哪些不同的方式体现出来。

本章概要：需要了解的内容

- 冒充者现象是指高成就者担心自己被拆穿为冒牌货，从而产生的一种内在的、与智力或能力相关的虚假感。
- 冒名顶替感影响着我们大多数人，也许最常见的是那些被边缘化的人，因此它不是一种"综合征"。
- 多种因素可能导致冒充者现象的发展，包括进化、社会文化期望、歧视和早期学习经历。

行动指南：可操作的练习

在日记本、电脑或书页空白处，回答以下问题。

- 举例说明你自己的冒充者体验，你的内心会告诉你什么？是什么情境触发了这些想法和感受？
- 你在哪些方面被剥夺了权利或被边缘化？这如何影响了使你产生冒名顶替感的体验？
- 还有哪些类型的早期经历可能影响了使你产生冒名顶替感的体验？

第二章
你是哪种类型的冒充者

不要害怕完美——你永远也达不到它。
——萨尔瓦多·达利（Salvador Dalí）

尽管这么说可能有些多此一举，但感觉像个冒牌货简直糟糕透了。没有人想体会冒名顶替感，而人类又非常擅长逃避自己不喜欢的感受（关于这一点，第九章和第十章会详细讨论）。事实上，我们如此擅长躲开欺骗感，以至于我们在努力证明自己的能力时会过度补偿。我们默认使用的冒充者策略可以分为五类。在本章中，我将分享我自己所属的类型以及其他四种成功的专业人士所属的冒充者类型。最重要的是，你一定能找出自己的类型。

在大学里，为了达到英语课的要求，我选修了一门创意写作课。我写了一篇题为"又是鸡肉"的散文，非常私人的话题，讲述了我们家在一段艰难时期的经历。我从来不是那种会写日记的孩子，所以这是我第一次写下关于私人或痛苦的事情，它帮我走出了那段经历。

结果，那篇散文和那门课，我都得到了A-。我记得教授不赞成我在用女性代词指代我母亲时使用大写字母S和H，说这"太花哨了"。为什么这件事让我印象深刻？我不记得大学里的任何其他作业、成绩或反馈。回想起来，我意识到我一直想要写作，但有些事情迫使我不得不断了这个念头。

我在上那门写作课时，已经是心理学专业的大三学生了。读高中时，我曾选了几门选修课。我最喜欢的两门课之一是麦克达德教授的"法律概论"（Introduction to Law），她是个令人敬畏的女教授，反复向我们灌输"法盲不是借口"的观念，另一门课是劳森教授的"心理学导论"（Introduction to Psychology）。记得有一次家长会上，劳森先生告诉我的父母我是个粗心大意的人（这导致我妈妈连续多年给我买"迷糊小姐"的T恤和书籍）。尽管劳森先生的评价不太中听，但我还是彻头彻尾地爱上了心理学。我着迷于人们的行为背后的动机。16岁那年，我就知道自己想成为一名心理学家或律师。在一个由男性主导、女性被视为二等公民的律师事务所实习了一个夏天后，我下定决心要攻读心理学学位。

在接下来的14年里，我不断提升学历，最终获得了博士学位和心理学执照。这一切都需要写作，但尽管我完成了硕士论文和博士论文，发表了多篇书籍章节和同行评审的期刊文章，但我从未把自己当成作家。

我喜欢心理学，而且我很擅长它，但学术类写作总让我感觉是一件不怎么愉快的差事，是其他人更擅长的。我把自己的职业重点放在了治疗和教学上，而不是研究和写作上。事实上，写作，尤其是创意写作，是我从未想过的事情。

后来，我有了写一本心理学书的想法。

这个想法与想要写作（至少是有意识地想要写作）无关——这是一本专业书籍，而不是文学创作。接纳承诺疗法（ACT）的从业者在与来访者的临床工作中会使用许多隐喻和体验式练习。

当时，这些练习的文本介绍分散在许多不同的ACT疗法的书籍中。有一天，我在学校办公室准备ACT课程时，心想，如果我只需要从书架上取下一本书，翻到关于接纳的章节，然后就能从各种合适的隐喻和练习中做出选择，那该多好啊！这个想法似乎很容易实现，但当时确实没有这样的书。然而，这只是个开始。

紧接着，我又想，也许我应该写这本书？但这个想法立刻就被排山倒海的质疑声淹没了："你以为你是谁啊？你又不是作家！你对写书一无所知。你甚至都不是ACT专家！你竟然以为自己懂得足够多，敢来写一本关于ACT的书，真是狂妄自大！"

我几乎要被这些声音完全限制住脚步。我知道，唯一不让自己难堪的方法就是忽略这个想法，继续我的工作。但我知道这是一个很有前景的想法。我只是不知道自己有没有资格来写这本书。于是，我向一位我认为更有资格的专家求助。我联系了一位曾经的导师，现在是我的同事兼朋友，她是ACT专家。虽然她也没有写过书，但在我看来，她是更合适的人选——至少，她对这个主题的专业储备是我所没有的。我们一起去找了她的导师史蒂文·海斯（Steven Hayes）博士，他写过很多书，也是ACT的创始人。我们向他请教并请他提供一些建议以及书稿提案样本，他都做到了。海斯博士恰好也是一家小型出版社的董事会成员，所以他把我们的提案递给了相关人士，结果我们真的拿到了出版合同。

我从来没有感到如此迷茫或如此像个冒牌货。我不仅对写书一无所知，对ACT的了解也不够深入，而且我甚至认为我们之所以能拿到出版合同，只是因为我们恰好和史蒂文·海斯有关系。我请了两位曾经的导师（他们都是书籍作者，其中一位的丈夫在出版业工作）帮我们审阅合同。我和我的合著者分担了各章节的撰写工作，同时邀请其他专业人士来写难度较大的理论章节。当然，我们也依赖编辑的帮助。我跟我的丈夫说："如果我以后再说我想再写一本书，你就提醒我，我曾经说过我再也不想写书了！"我讨厌自己像个"菜鸟"一样，需要这么多人的帮助。

当一切都尘埃落定时，完成一本书的感觉还不错。我们参加了出版社在一次ACT会议上组织的签售活动（不知怎的，尽管我完全不了解出版业和营销的知识，这本书还是卖得相当好）。然后我就想着暂时歇一歇，终于完成任务了，不写了。当我说我再也不想写作的时候，我是认真的。

然后，我的家庭经历了一段黑暗的时期，我需要一个出口来宣泄情绪。我想重新回到创意写作。我偶然发现了一个名为《写作课电台》的播客，它的主题是"心灵与艺术"——或者称之为"非虚构故事的写作技巧"。我听了一集就上瘾了。我翻出它之前的存档，一口气听了两年的节目。我开始上写作课，重新找回了当年写《又是鸡肉》时的感觉。我开始阅读关于写作的书籍。我没有写一篇篇的作品，没有发送查询邮件，也没有想方设法地去出版，我只是在学习。我确信之所以《ACT隐喻大全》（*The Big Book of ATC Metaphors*）写得如此痛苦，是因为我所知甚少[1]。我只要再多一点知识和经验的积累，就不会再觉得自己像个冒牌货了。然后我就可以写作并分享我的作品。

在接下来的四年里，我上了五门写作课，参加了一次写作静修，加入了一个写作小组，还自己发起了一个写作小组，去了两次写作研讨会，读了七本关于写作的书，听了五个写作播客（不是几集，而是整季），在社交媒体上关注了作家和编辑，订阅了三份作家新闻简报，读了无数篇关于书籍发布和平台的文章，还聘请了书籍发布顾问、市场顾问、品牌营销机构和写作导师。

我又写了一本书，但也为此花了将近两万美元。

为什么呢？因为我是一个"专家型冒充者"。

冒名顶替综合征的亚型

瓦莱丽·杨（Valerie Young）在她的著作《成功女性的秘密思想》（*The Secret Thoughts of Successful Women*）中提出，患有冒名顶替综合征的人往往会对如何才足以展现自己的能力产生扭曲的认知[2]。根据他们认为足以展示自身能力的模式，冒名顶替综合征可以分为五类：专家型（the Expert）、完美主义型（the Perfectionist）、独行侠型（the Soloist）、天选之子型（the Natural Genius）和全能超人型（the Superhuman）。

专家型

专家型冒充者认为只有通过衡量他们所掌握的知识、技能、专业知识和经验的多寡才能彰显出他们能力的成色——并且他们永远觉得自己掌握得不够多。总还有更多的学位、课程、证书、书籍、文章或专家需要咨询。这种情况在那些来自边缘群体的人中尤其普遍，他们被告知自己必须比主流群体的人优秀或博学两倍，才能与主流群体的人相媲美。

这类人永远都在与不确定性抗争，他们往往只有在确定自己能够胜任时才会接手事情。例如，一个专家型冒充者不会冒然去申请一份工作或争取岗位晋升的机会，除非他知道自己符合所有条件（甚至更多）。成为专家型冒充者要付出的代价有很多：有些人不断地学习再学习，却从未真正做过他们当初打算做的事情，就一直待在原地；有些人害怕在别人面前暴露自己的无知，不敢表达自己的想法,便一直三缄其口。正如你在我的例子中看到的那样,为了填满专家这个圣杯里的知识空缺,我花费巨资参加了各种课程、考级和会议,让自己入不敷出。然而这个圣杯底下有个洞,因此无论往里面倒多少东西,都填不满。

重要的是,我并不是说磨炼技能或了解某个行业是有问题的做法,我想表达的是专家型冒充者不知道学习和实践之间的度应该如何把握。

完美主义型

贾米尔(Jamil)出生于坦桑尼亚。4岁时,他的父母离婚,母亲赢得了他和弟弟的监护权,这对于非洲穆斯林来说是一个不太可能的结果。贾米尔的妈妈带着两个男孩搬到了英国,以便他们能接受更高质量的教育。贾米尔13岁时,他的妈妈被诊断为癌症晚期。因为她是一位单亲妈妈,不想把儿子们送回非洲与他们的生父一起生活,所以她请求一位亲密的家庭朋友收养他们。于是,贾米尔第二次移民到了美国,在纽约市上东区的富裕欧洲裔家庭中度过了他的青春期。

贾米尔从未觉得自己特殊,但他确实感觉自己跟别人不一样。在英国,他生活在一个多元化的移民社区。但当他搬到纽约时,他的英国口音、黝黑的皮肤和更正式的新家庭,都让他怀疑自己到底能不能融入其中。

贾米尔的养父母发现了他的聪明才智,鼓励他申请菲利普斯学院安多弗分校(Phillips Academy Andover),这是一所位于马萨诸塞州的著名寄宿学校。贾米尔一路从安多弗读到斯坦福大学本科,再到医学院,他希望专注于美国和非洲的全球健康问题。在埃默里大学(Emory University)完成实习和住院医师培训后,

第二章 你是哪种类型的冒充者

贾米尔获得资助前往哈佛大学进行进一步的医学研究工作。他一路晋升为国家儿童医院的医疗主任,以及乔治·华盛顿大学(George Washington University)儿科和急诊医学副教授。他那长达14页的简历真是令人叹为观止。

尽管取得了如此出色的成就,但贾米尔对自己的能力或归属感却没什么把握。从安多弗开始,那里的每个学生都成绩优异,而且大多数是欧洲裔,他意识到自己必须更加努力才能跟上。他还敏锐地感受到,人们首先看到的是他的肤色,他觉得自己必须在一切事情上都表现出色,才能证明自己的能力。在他申请大学的时候,录取新生时的平权法案引发了争议。他质疑自己是否配得上他所获得的,或者是否只是因为他的种族或因为他的养父母富有而"被给了一个位置"。他告诉我,他职业生涯的早期一直在追求享有盛誉的任命,心想:"如果我从那里继续往上升职,就不会有人怀疑我了。"

为了证明自己的能力,贾米尔为自己设定了极高的标准,而在很多方面,这些标准也确实帮助他取得了成功。但他从不举手发言,除非他百分之百确定自己知道正确答案,而且他只申请那些他知道自己可以完全胜任的职位。当任务到期时,他会提前很长时间完成,然后反复检查每一个细节,确保一切都恰到好处。当需要公开演讲时,他会花大量时间排练。他担心出现错误,这样不仅会让他自己丢脸,还会让整个非洲裔群体蒙羞。渐渐地,他发现自己并没有专注于钻研全球健康,而是踏上了一条追求功名之路,追逐着别人认为最好、最负盛名的职业发展道路。

贾米尔是完美主义型冒充者。

完美主义型冒充者只专注于一件事:把事情做得完美无瑕。他们相信,只有完美的才是可接受的,他们必须始终呈现出没有任何瑕疵的产品或表现。完美主义型冒充者坚信，做每件事都有对错，他们在对自己苛刻的同时，也会对那些未达到他们设定的高标准的人一样苛刻。虽然完美主义可以帮助完美主义型冒充者取得成功，但它也有许多缺点。完美主义型冒充者难以分配任务，在他们心里，如果想把事情做好，最好还是自己动手。这意味着他们的待办事项列表上总是有太多事情，而且很少有足够的时间来完成所有事情，尤其是以他们要求的那种高标准来完成。为了避免错误或可能的失败（这会导致他们感觉自己无能），完美主义型冒充者有时会避免新的或具有挑战性的任务，从而面临停滞不前甚至烦躁厌倦的风险。对于一些完美主义型冒充者来说，当他们已经把事情做得非常好时，他们也很少感到自豪或满意，反而会想着他们本可以做得更好的事情。对于包括贾米尔在内的其他人来说，把事情做好可能会让他们对自己感到满意，但这也会强化他们需要继续努力工作的信念。

独行侠型

迈克尔（Michael）在德国长大，小时候被诊断出患有一种进行性肌肉疾病，最终需要使用轮椅。知道自己对身体状况的恶化几乎无能为力，他觉得自己需要在学业和职业上证明自己来弥补这一点。他的大学入学考试成绩优异，让他进入了一个竞争激烈的计算机科学项目，激起了他对电影动画的热爱。之后，他被美国的一所电影学院录取，并在完成课程之前就有机会参与制作一部受欢迎的3D动画电影。在动画行业工作了15年后（他总是想"他们马上就会发现他们雇错人了，给他们两周时间，他们就会把我踢出去"），他意识到自己已经实现了目标，但总觉得少了些什么。于是，他决定投身于自我发展领域的事业，以此来帮助那些身患残疾的年轻人。他开始做公众演讲，并发表了一场有力且鼓舞人心的 TED 演讲[3]。他最终在一个自我发展领域极其受欢迎的教练组织兼播客平台"魅力艺术"找到了一份工作。对于迈克尔来说，"你以为你是谁"这种想法一直伴随着他的成长。他经常觉得有必要向同事和客户提及自己曾经的培训和其他专业成就，以免他们质疑自己的能力。

虽然迈克尔是典型的内驱型，并不太需要表扬或支持，但他把自己架到了非常高的标准上，经常承担许多额外的责任，来证明自己有能力做任何事情。他不仅觉得有必要把每件事都做得完美无瑕（他开玩笑说，这是因为他是德国人），而且还觉得自己必须独自完成这一切。在他看来，不知道答案反而需要寻求帮助会暴露自己是个冒牌货。"我害怕有一天我不得不说，'我不知道'。"他告诉我。

迈克尔是独行侠型冒充者。

对于独行侠型冒充者来说，有能力意味着能够在没有他人帮助的情况下取得成功，只有独自取得的成就才算数。独行侠型冒充者在合作方面可能会遇到困难，因为作为团队的一部分所达成的目标会削弱他们的成功感。如果独行侠型冒充者需要寻求帮助，他们会感到脆弱和无力，把这种行为看成自己并不知道自己在做什么，从而确认自己是个冒牌货。独行侠型冒充者往往会承担三个人的工作量，即使这样会牺牲他们的健康或降低他们工作成果的质量。当独行侠型冒充者独自取得成功时，他们也很少感到满足或有成就感，反而觉得自己侥幸保住了一个秘密，即他们实际上是好不容易才能维持着一切。

天选之子型

阿拉娜（Alanna）是加拿大原住民家庭中第一个享受高等教育的人。她轻轻松松就完成了本科和硕士学业，刚毕业就得到了在一家大型且享有盛誉的咨询公司工作的机会。作为咨询师，她在各种职位上都表现出色，但最终却感到毫无激情。阿拉娜知道自己热爱两样东西：葡萄酒和音乐。于是，尽管对这个行业和如何经营企业一无所知，她还是如愿成为了一名持证的品酒师，开了一家音乐酒吧，这家酒吧迅速成了她所在城市最受欢迎的热点之一。开酒吧期间，阿拉娜目睹了医疗和心理健康资源的缺乏，对那些有需要的人，特别是边缘化群体所产生的严重影响。这激励她转变方向，追求自己毕生的梦想——进入医学院。

对阿拉娜来说，医学院完全是另一个全新的局面。从前，她习惯了轻而易举就能成事——以往的成功并不需要过度努力。现在，作为一名比同龄人年长许多的学生，她意识到自己不能像以前那样轻松过关，开始感觉自己像个冒牌货。对她来说，成功是老天爷赏饭吃。因为读医对她来说很困难，她就认定自己没有当医生的天赋。因此这让她觉得自己是个冒牌货，是个失败者。

阿拉娜是一个天选之子型冒充者。

天选之子型冒充者认为智力和能力是与生俱来的品质，能够带来毫不费力的成功。对于他们来说，能力意味着能够轻松快速地脱颖而出。他们相信自己应该能够一听就懂、一学就会、完全理解。他们想要的是第一次就搞定——如果不能第一时间学会，似乎显得他们是个伪劣产品。这与卡罗尔·德韦克（Carol Dweck）著名的"固定型思维"（fixed mindset）概念有相似之处[4]。天选之子型冒充者和具有固定型思维的人往往难以在挫折中坚持下去，因为他们认为自己并非天赋异禀，并且认为付出努力去学习没有多大意义。这是因为他们认为，要么你就是老天爷追着赏饭吃，要么就是毫无慧根——而当你没有天赋时，其实就足以证明你是个冒牌货。这可能导致他们为了避免失败而回避挑战。当天选之子型冒充者成功时，他们的信心会得到极大的提升，但这种提升往往是短暂的，因为任何不顺都会使他们的自尊受损。

全能超人型

雅尼娜（Janina）12岁时从乌克兰移民，此前她经历了切尔诺贝利核灾难，并因犹太血统而受到了严重的歧视。当她抵达美国时，她不会说英语，并且还有切尔诺贝利核辐射的后遗症。

到37岁时，雅尼娜获得了两个博士学位，出版了10本书，参与了另外14本书的撰写，创建并主持了3个播客，作为心理学和流行文化领域的专家参加了无数委员会，并发表了两场有影响力的TED演讲[5]，这一切成就的取得尤其来之不易，她早期接触过辐射源，诱发偏头痛和癫痫，一直深受病痛干扰。在她的第一场TED演讲播出的前一天，雅尼娜在午饭前就经历了18次惊恐发作。之后，她一遍又一遍地看自己演讲的视频，挑毛病，把自己批得体无完肤。听起来像完美主义者？确实如此，甚至有过之而无不及。

雅尼娜是全能超人型冒充者。

根据心理学家瓦莱丽·杨的说法，她识别出了五种冒名顶替综合征的亚型，全能超人型是完美主义型、天选之子型和独行侠型的"加强版"[6]。以雅尼娜为例，除了她的众多社会角色外，雅尼娜还在我的焦虑症诊所担任心理咨询师。她承担的工作量是大多数人能应对的工作量的两倍。如果你需要临床案例讨论，她第一个积极回应。如果你生病了，她会主动提出给你带汤和佳得乐[一]。她会记住你孩子的生日和你的结婚纪念日。她很少拒绝别人的请求，却几乎从不寻求帮助（她几乎从不要求任何东西）。

她会做这些事情是因为她确实是你见过的最善良、最有同情心的人之一。她想要帮助他人的愿望是深刻且真实的。但也有不为人知的一面。那就是，每当雅尼娜说"不"，或者对他人设置界限或者向他人寻求帮助时，她会觉得自己是个冒牌货和失败者。

全能超人型冒充者认为，能力就意味着，一个杂技高手能够一边双手不断接抛球——即使这些球还在燃烧——另一边还能在独轮车上保持平衡，唱着小曲儿，并且面带微笑。如何打磨自己的专长当然很重要（这是完美主义者的部分），但能够处理好所有事情，而且还必须是每时每刻都能处理好，这才是全能超人型与其他冒名顶替综合征亚型的区别。

为了避免感觉自己像个冒牌货，雅尼娜简直把自己逼到了崩溃的边缘。问题是，所有的全能超人型冒充者最终都会发展成同时应对过多烫手山芋，而一旦这些烫手山芋解决不掉，他们怀疑自己无能的念头就又被不断强化。即使他们正在呈现一场完美无瑕的独轮车杂技表演，他们也很少感到满足，因为他们的头脑告诉他们，他们应该还可以增加些亮点，比如在脸上用棍子支起正着旋转的盘子。"如果我真的有能力，我应该能够轻松且无需帮助地做到这一切。"他们心里会一直这么想。

[一] 一种功能饮料。——译者注

共通之处

在采访了贾米尔、迈克尔、阿拉娜和雅尼娜,并回顾了自己的经历后,我意识到我们之间有一些重要的共同点:我们的冒充者感受源于早期的边缘化经历,而且在我们一心想要投身去做对自己真正有意义的事情时,这种感受往往就会变得尤为强烈。贾米尔首次察觉到冒名顶替感是在申请那些他认为能通向全球健康领域的大学时,那时他意识到自己的选择可能会对非洲裔和非洲社群有更广泛的影响。迈克尔和阿拉娜谈到转换职业,是因为他们想要有所作为,做一些有意义的事情。雅尼娜和我在攻读心理学学位时都体会到了冒名顶替感,当我们认真地朝写作、创作和演讲等方向转型时,这种感受被进一步放大了。

你是什么时候开始有冒名顶替感的?边缘化的经历或者对意义的追求在其中起到了什么作用?

即使你发现自己符合一种或多种冒名顶替综合征的亚型,也还是有办法可以去培养你的理想职业。大多数人都会在自己身上看到多个亚型的影子(而且这些亚型之间确实存在一些重叠),但会发现其中一个占主导地位。要确定你的亚型,请前往我的网站的"参加测试"部分(http://www.jillstoddard.com/quizzes),并填写简短的问卷。本书的第二部分将向你展示如何成功追求你内心最渴望的职业生涯。遗憾的是,第二部分并不是治愈你的冒名顶替感的良方——因为这根本无法治愈。然而,虽然无法治愈,但你可以获得心理上的灵活性,而这即将成为你新生的超能力。

本章概要：需要了解的内容

- 冒名顶替综合征有五种亚型：专家型、完美主义型、独行侠型、天选之子型和全能超人型。
- 每种冒充者类型都依赖不同的策略来证明自己的能力，这些策略在短期内似乎能缓解冒充者的感觉，但最终只会适得其反。
- 你可以在 http://www.jillstoddard.com/quizzes 上确定自己的亚型。

行动指南：可操作的练习

在日记本、电脑或书页空白处，记下以下内容。

- 你的冒名顶替综合征亚型。
- 你的亚型决定了你证明自己能力的方式。
- 这种方式如何起作用以及如何产生反作用。

第三章
无法治愈（但另有出路）

> 我已经写了11本书，但每次我都会想："糟了，他们现在就要发现了，我一直在骗大家，他们就要拆穿我了。"
>
> ——玛雅·安吉罗（Maya Angelou）

我有了一个想法，打算在每年参加的专业研讨会上组织分组讨论。我想邀请一些成功、杰出的女性来谈谈她们冒名顶替综合征的体验（这是在我意识到我们应该停止称之为"综合征"之前）。我主要想展示的是，尽管我们感觉自己像是冒充者，但都运用了接纳承诺疗法来勇敢地生活，希望这能激励其他人做同样的改变。我邀请了雅尼娜·斯卡利特博士，你在上一章读到过她；莉萨·科因（Lisa Coyne）博士，她是一位多产的作家，也是主办这次研讨会的专业组织机构的主席；米兰达·莫里斯（Miranda Morris）博士，她是一位成功的企业家，也是候任主席；还有黛比·索伦森（Debbie Sorensen），她是哈佛大学博士，也是我们《心理学家闲暇时光》播客的联合创始人和联合主持人。接下来是我参加过的最有力量的会议体验之一。这些女性在镜头前（会议是线上的）向数百名参会者敞开心扉，含泪分享了她们深感自己不足的故事。观众的反响非常热烈。大多数反馈都类似于"我不敢相信连你们都有这样的感觉——如果你们能有这样的感觉,却仍然去追求对你们来说重要的大事,那么也许我也可以"。任务完成。

会议结束后不久,我收到了来自一档播客节目《魅力艺术》的邮件。主持人们希望邀请我作为嘉宾,聊聊冒名顶替综合征这个话题。当时我既没见过迈克尔(前一章有提到过他,他在《魅力艺术》工作),也没听说过这个节目,完全不知道他们是怎么找到我的。根据邮件里的介绍,他们之前的嘉宾包括科比·布莱恩特(Kobe Bryant)、丹·哈里斯(Dan Harris)、格蕾琴·鲁宾(Gretchen Rubin)、亚当·格兰特(Adam Grant)和舒格·雷·伦纳德(Sugar Ray Leonard)。那时,他们的节目下载量已经超过了一亿次。

读着这封邀请邮件,我心跳加速,脸颊发烫。冒充者念头冒出来:这肯定是搞错了,或者是场骗局。他们怎么会知道我?我只是个无名小卒,绝对不是冒名顶替综合征方面的专家。我不确定该不该接受邀请。要是我去了,他们发现我其实并不像他们以为的那么懂,那该怎么办?

原来,《魅力艺术》是通过那次会议小组讨论找到我的。迈克尔参加了那次讨论,被我的发言深深吸引,于是提议邀请我做嘉宾。我当时是小组讨论的主持人,只在前十分钟讲了话,介绍了冒充者现象的概念,并讲述了在第二章中介绍的五种亚型。我能理解迈克尔为什么觉得我很在行,但那些内容其实都基于别人的研究成果。当然,这让我更觉得自己像个冒充者了。《魅力艺术》应该采访的是他们,而不是我。

尽管内心充满了恐惧和自我怀疑,我还是接受了邀请。我那时还不是冒名顶替综合征方面的专家,但我拥有临床心理学的博士学位，而且我是焦虑问题的专家，而焦虑无疑就是冒充者心态的一部分。此外，我还擅长运用接纳承诺疗法来帮助我的来访者和读者应对他们的冒充者体验。我还联合主持了一档播客，并且作为嘉宾参加过大约15档其他播客，讨论我的书《勇往直前》（*Be Mighty*），所以我对播客领域也了解一二。换句话说，就算不是无所不知，我也算是了如指掌。至少，我知道如何筹备一场访谈，针对某个话题能进行一个小时的干货满满的讨论。然而，无论是博士学位，还是参加过15档其他播客的经历，抑或在焦虑问题和ACT方面的专业知识，又或是联合主持一档受欢迎的播客的经验，都不足以治愈我的冒充者恐惧。

在访谈中，其中一位播客主持人问到了那30%没有经历过冒名顶替感的人群。我开玩笑说，唐纳德·特朗普（Donald Trump）就是一个完美的例子。当我听那期节目时，他们剪掉了关于特朗普的部分。现在，从理性上讲，我能理解他们这样做是为了确保没有听众会感到冒犯。有着如此庞大的听众群体，其中必然会有一部分是特朗普的支持者，即便我不是。但是，我原本就是那70%里的一部分，我的冒名顶替感就像一张黑胶唱片反复跳帧的那部分，以致我反复琢磨这一点，完全忽略了访谈的其他部分。那个反复"跳帧"的想法就像是在说："看吧，我就知道我没法和下载量上亿次的播客合作。我早该知道的。"

当那张"唱片"不再跳帧时，我又开始担心，我可能在访谈中过于关注女性和少数群体，而他们的听众可能主要是欧洲裔男性。新的"跳帧"念头又冒了出来："你当时怎么没问问他们的听众是谁？你真是够业余的。你应该准备得更充分些。"

有一次，我问迈克尔那期节目的下载量有多少，因为我想看看要不要把它加到我正在准备的一些提案里。他说："第一周大概有六万次下载，这个数量还算可以。"我抓住了"还算可以"这个词，再加上他的语气，我的大脑将它解读为："你的那期节目太可怜了，根本不受欢迎，我后悔给了你这个机会。"后来，迈克尔告诉我，我的那期节目在《魅力艺术》2020年最受欢迎的节目中排名第五。《魅力艺术》是一周一期的播客，这意味着我的那期节目排在了前10%。我的理性思维会说："嘿，前10%，还不错哦。"但我内心的那个冒充者仍然希望我能有重新录一期的机会。

冒名顶替感与成功

冒名顶替感在高成就者中十分常见，甚至可能与成功存在某种关联[1]。令人讽刺的是，我们取得的成就越多，反而越容易感受到冒名顶替感。回顾个人经历，它就像一幅埃舍尔的画作——攀登成就的阶梯似乎让你离顶峰越来越远，或者离你觉得自己已经成功的感觉越来越远。一方面，这似乎不合逻辑。我们的履历或简历越丰富，难道不是应该逐渐消除被拆穿的恐惧吗？如果我们随着成就的积累获得了更多知识和经验，按理说我们应该感觉自己不那么像个冒牌货。

另一方面，这又完全合乎情理。我们爬得越高，人们对我们的期望就越高，期望我们知道得更多。如果你从未管理过一个组织，那么你对于作为领导者需要知道的一切一无所知是可以被理解的。但如果你已经是 HPIC（最高负责人），那你就必须跟上节奏！现在你作为高层所知道的东西，实际上可能并不比你起步时知道的多出太多，但这并不算数，随着你职位的晋升，人们期望你知道得越来越多。而且，正如冒名顶替综合征专家瓦莱丽·

杨所说："成功只会让情况变得更糟，因为现在你有名声需要维护[2]。"

虽然，理论上冒充者体验可能会随着成功而加剧，但关于成功与冒名顶替感之间关系的实证研究还不够明确。冒名顶替感是随着成功而改善、保持不变还是恶化，似乎取决于多种情境因素。例如，男性的职场经验和领导风格更有可能随着时间的推移而得到认可[3]，从而使之增强自信并减少自我怀疑。而女性，尤其是母亲、有色人种女性和残疾女性，她们的能力、贡献和领导风格则更有可能随着时间的推移而反复受到质疑[4]。这可能会侵蚀她们的自信，导致职业女性尽管取得了成就，却仍然质疑自己的成功。有意思的是，就读于非男女同校机构的女性学生和就读于历史悠久的非洲裔大学的非洲裔学生，分别体现出比就读于男女同校的女性学生或种族多样化学校的非洲裔学生更高的自信心水平[5]。第二章中提到的贾米尔医生告诉我，他的冒名顶替感随着成功而改善。他认为这得益于他可以在学术和专业环境中学习和工作，因为那里的显性文化就是：这是一个享有盛誉的地方，如果你有资格在这里，就证明你有实力在这里。

冒名顶替感的循环

经历会引发各种感受——有些我们喜欢，有些则不然。我们是否希望增加或减少这些感受会影响我们的行为，而我们的行为又会反过来影响我们的感受。心理学家将这一过程称为"强化学习"（reinforcement learning）。通过正负强化学习的视角，我们可以开始理解，即便成就累累，为什么冒充者的感觉仍然可能日益加剧。

为此，我想澄清一种对于心理学术语的常见误解，尤其是针对负强化（negative reinforcement）这个术语。我经常听到人们把父母对孩子大喊大叫作为负强化的例子。比如，"他冲着他的孩子大喊大叫，这反而让她的行为更加出格，因为引发父母的负面关注总比父母完全不关注要强。"这其实是个正强化的例子。正强化并不是指令人愉快的，而负强化也不是指令人不快的。它们分别指的是增加了某些（积极的）方面或者消除了某些（消极的）方面。强化指的是导致某种行为增加这一结果。因此，在上例中，如果父母增加对孩子的注意力（即使是愤怒的大喊大叫）助长了孩子的无法无天，那么这就是一个正强化的例子。如果父母的大喊大叫"有效"吓阻了孩子的胡闹，那么这是正惩罚的一个例子——当父母开始对孩子大喊大叫（正惩罚）时，孩子的胡闹就相应平息了。

家长们可能很容易想象这样的场景：孩子在杂货店因为想要糖果而发脾气。他们大声吵闹，让你尴尬到不行，所以你只能给他们买糖果。瞧——脾气发完了，大家都高兴了。下次你在店里时，你觉得孩子更有可能还是更不可能发脾气？你觉得你更有可能还是更不可能满足他们的要求？两个答案都是更有可能。给孩子们想要的糖果，是对他们行为的正强化，因为你增加了一样东西（糖果），增强了该行为（发脾气）再次发生的可能性。同时，这也是对你的行为的一种负强化——去除了一样东西（吵闹、尴尬地发脾气），使得你下次更有可能做同样的事（给他们糖果）。

正负强化可以解释我们的很多行为。比如，你为什么拖延？允许自己推迟令人厌恶的任务，消除了恐惧或焦虑的感觉（负面效应），而这种解脱增加了你下次遇到厌恶任务时再次拖延的可能性（强化）。当然，恐惧和焦虑的消除只是暂时的，因为任务还在那里等着你去完成，可能时间还更紧张了（如果是有截止日期的任务）。最终，这只会增加恐惧和焦虑。那你现在该怎么办呢？那，你从过往的经验中学到的一件事就是，拖延"有用"——上次你试过之后，恐惧和焦虑暂时消失了，所以现在你更有可能再来一遍。

饮酒、购物、赌博和暴饮暴食，都可以从正负强化的角度来理解：增加了某样东西（多巴胺或其他让人感觉良好的化学物质或神经递质），同时去除了某样东西（无聊、焦虑或其他艰难的内心体验）。这种双重强化让我们很容易明白为什么改变这些行为如此费力！

同理，我们也可以这样理解冒名顶替综合征。有些人通过不断取得成就来应对冒充者的感觉，就像踏上了轮盘的仓鼠一样不停地向前奔跑。另一些人则通过避免挑战来应对。这两种看似相反的行为，都可以通过强化学习来理解。

成就，比如获得另一个学位或职位晋升，会给我们带来一些东西（自豪感、满足感、能力感），这增加了我们继续取得成就的可能性（正强化），同时还会暂时消除我们的不配得感或欺骗感，这同样会增加我们继续追求成就的动力（负强化）。换句话说，我们越往上爬，就越需要继续往上爬，以获得更好的感觉。这个循环如图 3-1 所示。

同样地，逃避那些挑战性任务，以免触发被拆穿为冒牌货的恐惧，会暂时消除自我怀疑和焦虑的感觉（负面效应），从而增加我们继续逃避新挑战的可能性（强化）。这个循环如图 3-2 所示。

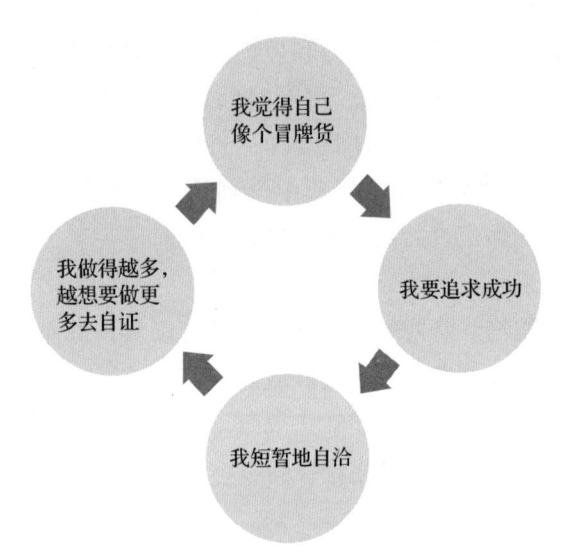

```
        我觉得自己
        像个冒牌货
       ↙         ↘
我做得越多,         我要追求成功
越想要做更
多去自证
       ↖         ↙
        我短暂地自洽
```

图 3-1　追求成就的循环

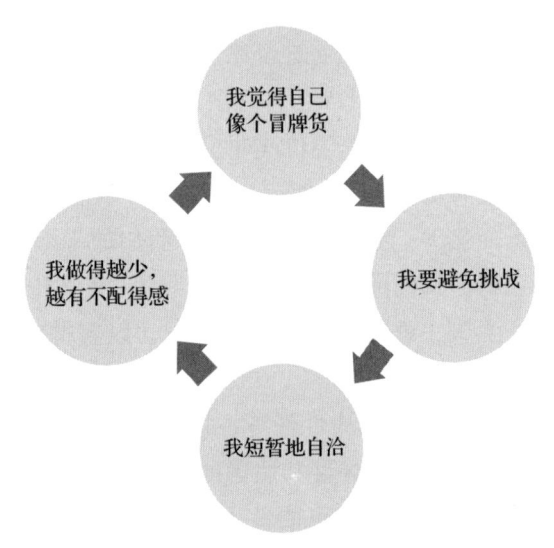

```
        我觉得自己
        像个冒牌货
       ↙         ↘
我做得越少,         我要避免挑战
越有不配得感
       ↖         ↙
        我短暂地自洽
```

图 3-2　逃避挑战的循环

我们可以进一步拆解这个问题，以便更好地理解第二章中列举的五种亚型。让我们来看看专家型、完美主义型、独行侠型、天选之子型和全能超人型冒充者经历的"循环"（如图3-3~图3-7所示）。

想想看，这在你身上是如何体现的。你是不是正在试图用一些能改善当下感觉的方法去"解决"冒充者的感觉，但实际上却陷入这个循环？你是不是在逃避新的挑战，或者过度追求成就，又或者两者兼而有之？

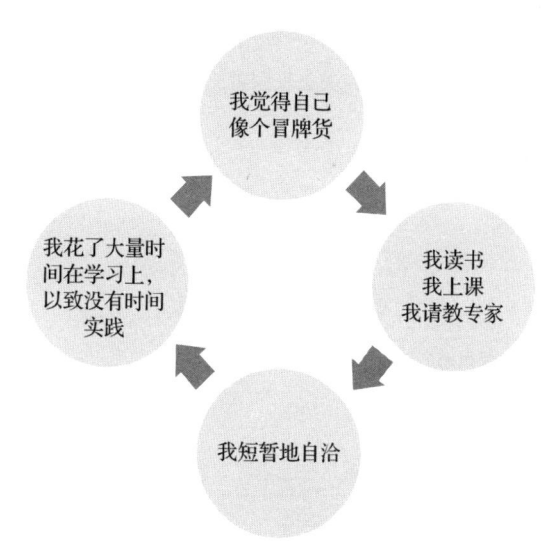

图3-3 专家型冒充者的循环

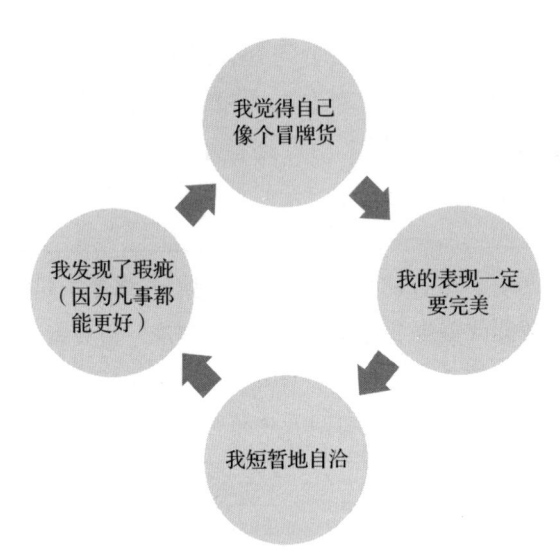

图 3-4　完美主义型冒充者的循环

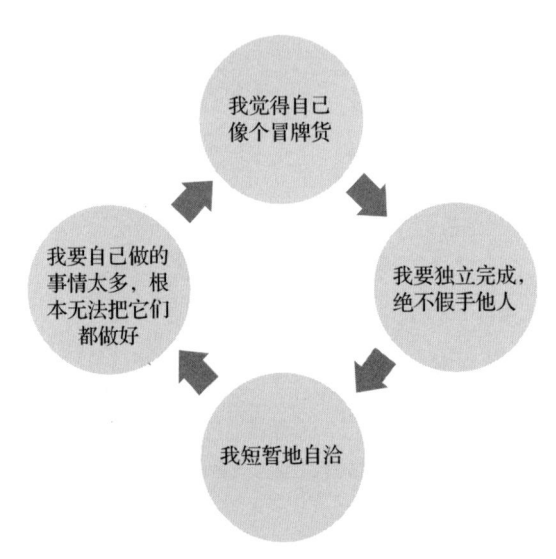

图 3-5　独行侠型冒充者的循环

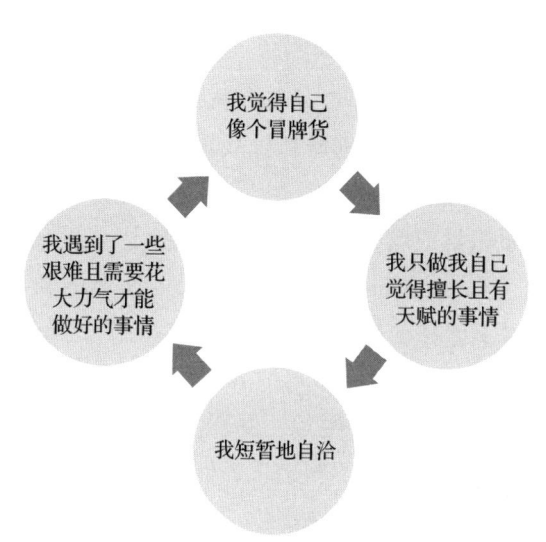

图3-6 天选之子型冒充者的循环

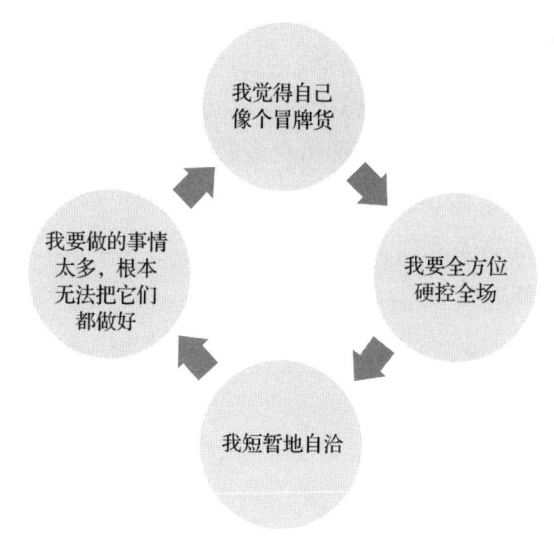

图3-7 全能超人型冒充者的循环

冒名顶替感真的那么糟糕吗

这些循环表明，我们取得的成就或逃避的挑战越多，就越需要继续去取得或逃避。逃避新挑战显然有其弊端——成长被牺牲，取而代之的是停滞不前。但是，如果我们因为担心自己像冒牌货而不断积累成就，这真的那么糟糕吗？托马斯·查莫罗-普雷穆季奇（Tomas Chamorro-Premuzic）在他的新书《为什么我们总是选到不适任的男性当领导人》中指出 [*Why do So many incompetent men become leaders?* (*and how to fix it*)]，世界上许多顶尖领导者之所以成就斐然，是因为他们对自己要求极为苛刻，正是他们对于极致的不懈追求，促使他们缩小了自己认为所处的位置与理想位置之间的差距[6]。如果他们心里没有一点冒名顶替感，我们可能就无法看到他们今天取得的成就。

麻省理工学院教授巴西玛·特夫菲克（Basima Tewfik）认为，冒充者现象并非全然有害。在一系列精心设计的研究中，她发现，那些经常有冒充者想法的高成就者，在人际交往方面更高效[7]，有时甚至在工作上表现出更高的掌控力[8]。因此，取得成就的同时伴随着冒名顶替感也是能带来好处的。特夫菲克的导师、著名组织心理学家亚当·格兰特认为，感觉自己像个冒牌货可能带来三个具体好处[9]。

1. 它能激励我们更努力地工作，因为我们想要去证明些什么。

2. 它能激励我们更聪明地工作，因为它让我们产生怀疑，从而重新思考我们的策略。

3. 它能让我们成为更好的学习者和领导者，因为怀疑会促使我们寻求他人的想法和反思意见。

然而，特夫菲克指出，冒充者想法可以产生有益结果的机制是一种防御机制。换句话说，那些害怕被揭穿无能之人，会试图通过关注他人的方式来挽救自己受损的自我价值感（我对自己的能力不足感到焦虑，所以我就会通过变得讨人喜欢来弥补）。

通过心理灵活性打破循环

那么，冒名顶替综合征和取得成就究竟是好事还是坏事？这取决于你做事情到底出于什么目的。你对学位、晋升、认可和其他成就孜孜以求仅仅是为了排解自己的冒名顶替感吗？你愿意再写一篇论文或再做一次演讲，只是因为你认为这最终能让你觉得有能力、有资格吗？你会不会过度关注了别人的想法，你之所以一直在试图获得更多的成就只是为了让那些评价你的人印象深刻，这样才能助你提升自尊吗？还是你之所以想取得成就，是因为你在乎的是拥抱挑战，迎难而上——塔拉·莫尔（Tara Mohr）称之为"大干一场"[10]。我管它叫作：活出生命的全部，而不是一种局限的人生——你知道，就像棒棒糖？在万圣节，每个人都知道哪户人家会分发一整排的棒棒糖（而且通常只有一家，也可能一家也没有）。一整排的棒棒糖令人兴奋，有时令人惊讶或意想不到，甚至可能有点尝到禁果的感觉。

我答应参加《魅力艺术》播客节目，并不是因为我认为它能最终治愈我的冒名顶替综合征（顺便说一句：它确实没有），而是因为我想要拥抱"尽兴完整"的生活，体验各种可能性。我写这本书也出于这个想法。说实话，即使在写这本书的时候，我的脑海中始终有个熟悉的声音在嗡嗡作响：你有什么资格写这本书？这个声音一直存在。但写这本书对我来说很重要。分享有科学依据的想法、帮助人们成长是我的职业使命。所以，尽管我不知道这本书会受到怎样的评价（我担心没有人会读它或喜欢它），但我还是选择写出来，这是为了选择体验一种"尽兴完整"的职业生涯。

当我谈到活出生命的全部时，我真正想谈的是心理灵活性（psychological flexibility）。心理灵活性指的是我们完全投入到每一个当下的能力——觉知并充分接纳我们所有的想法、情绪、身体感觉和冲动，并做出有意识的、深思熟虑的决定，去做对我们来说至关重要的事情[11]。

过去几年来，研究表明，心理灵活性是整体健康和幸福的最强预测指标之一，这类研究如雨后春笋般涌现。那些更具心理灵活性的人在应对情绪、焦虑、恐慌、身体意象、体重管理、人际关系、慢性疼痛、急性疼痛、偏头痛、癌症、戒烟、精神病、耳鸣等问题时表现得更好[12]。然而，当我们隐藏自己、在自己的舒适区按部就班（或当我们启动防御机制）时，我们的状态则是心理僵化（psychologically inflexible）的。舒适区有时也不错。休息也很重要。比起不得不出席的会议和参加"被迫营业"的社交活动，谁不更喜欢晚上窝在沙发上，手里拿着一杯热茶，盖着一条舒适的毯子，看着自己最喜欢的电视节目呢？但是，奇迹永远不会在舒适区发生。舒适区一定不是我们会成长的地方。

重要的是，心理灵活性完全取决于选择。每一个当下都提供了选择的机会。如果你有意识地选择舒适区作为一种基于价值观的自我关怀方式，而不是一种逃避痛苦的方式，那么这就是"心理灵活"的。

那么，结论是什么呢？积累成就是好事还是坏事？这要视情况而定。这取决于你是在以心理灵活的方式（即使感到恐惧和自我怀疑，也要为了对你重要的事情而大展拳脚）还是在以心理僵化的方式（过度努力，试图治愈或摆脱冒名顶替感）去追求某样东西。

规则就是用来打破的

心理僵化源于对语言的过度依赖[13]。具体来说，我们往往过度依赖语言以及我们内心的话语——诸如规则、道理、自圆其说、预设、评判和预测——以至于彻底忽略了最直接的个人经验。让我给你讲一个关于推特（Twitter）的小故事。你知道上推特会干些什么：无尽的刷屏既让人欲罢不能，又同时让你对一切感到厌烦。它是众多创意专业人士聚集的"打造个人完美人设"的场所之一。唉，当我在写推特简介时，我想写上"作家"。但紧接着想到的是："什么？！你可不是作家。你不能这么说。"不过，读者朋友们，我注册推特是因为我当时正在为即将出版的第二本书做准备。

在这个例子中，我的大脑（即语言）告诉我，我不能在简介里写"作家"，因为我是个冒牌货，根本不是真正的作家。但我过往所有的经历都能说明我确实算得上是个作家。我担心被揭穿，只不过是我自己在给自己编故事（故事=语言）。当我真的在简介里写上"作家"时，你猜有多少推特预警来找我麻烦？一个也没有。但我们都知道，网上有些"喷子"会找到我们最敏感的痛点来攻击我们，我的大脑也编了一个故事，认为那将是灾难性的，以及我将多么无力应对。这就是负性认知偏差（cognitive negativity bias）在起作用[14]。也就是说，我们人类天生就容易高估威胁，低估自己的应对能力。这对史前人类来说是有用的，他们得比具有攻击性的袋鼠跑得更快，但在现代社会，这种倾向就没那么必要了。尽管如此,神经影像学研究表明,与积极情绪(如快乐)相比,我们的大脑在面对消极情绪(如恐惧、愤怒、厌恶和悲伤)时更为活跃[15]。但你知道我的经历告诉我什么吗?我收到过一两篇差评,但我还站在这里,还在写作。我的大脑可能会说:"停下!别冒险!"但我的经历告诉我,坏事通常不会发生,即使发生了也没那么可怕,我能应对。

神奇的是,我们的大脑尤其擅长试图保护我们免受羞辱、被拒绝或失败。它们会在我们即将被揭穿的时候,警醒我们是冒牌货和骗子,这样我们就会采取行动来避免这个可怕的结果发生。但是,当我们把这些警告当作绝对的真理来听从时,只有两个结果:要么我们放弃了活出生命的全部,止步不前,贪图享乐——其实枯燥乏味;要么我们拼尽全力去证明自己,结果却筋疲力尽、痛苦不堪。我们也从不让自己的经历告诉大脑,它们可能错得有多离谱:灾难并没有大脑预测的那么频繁;即使发生了,也通常没有大脑想象的那么糟糕;我们能比大脑认为的更有效地应对。预测、想象、假设——这些都是让我们陷入困境的"语言化"例子。

当我们的大脑开始运转时——你知道它们那些可怕的螺旋式思维吧?我们通常会有心理和生理上的感觉,这些感觉就像故事本身一样痛苦。读者们,我不知道你是怎样的,但我可不想被吓得魂飞魄散或让自己充满怀疑。为了避免那些艰难的感觉而不去追求真正对我们重要的事情,也会造成心理僵化。基本上,在面对选择的时候,当我们为了逃避恐惧的结果而听从大脑、拒绝感受,没有考虑到我们内心深处最渴望成为的人或最希望过的生活时,我们就是心理僵化的。我们在过着局限简化版的人生,而不是活出生命的全部。

想想你有一个目标、梦想或抱负（或者曾经有但放弃了）。如果我说"今天采取一个具体的步骤，朝着实现它的方向前进"，你会想到什么？你在身体和情感上感觉如何？你的大脑告诉你什么？也许它说，你还没有准备好，你应该再推迟一点，等到你知道得更多、感觉更有信心时再说；也许它说，如果你迈出一步，你就必须全力以赴，而你不确定自己是否准备好了这一切。无论出现什么，你的答案都是你的第一个线索，说明语言——规则、理由、合理化解释、假设、评判、预测——以及逃避不适的欲望可能是如何让你陷入困境的。也许你不喜欢，不过我们的大脑和身体非常具有说服力。

在接下来的章节中，你将学会如何改变你与这些内在体验（思想、情绪、身体感觉、冲动）的关系，使它们不再阻碍你拥有你想要的职业（和生活）。但关于如何改变、控制或减少这些内在体验本身，不是我们讨论的范围。这不是一本关于积极思考、治愈焦虑、消除自我怀疑、相信自己或建立自尊和自信的书。当然，如果我掌握了这些秘诀，我保证，我一定会与你分享，但这根本就不是事物发展的方式。记住，心理灵活性意味着觉知到并开放地接受所有的内在体验，彻底地、不设防地——这意味着我们不必改变我们的体验，而是允许它们保持真实。我们将在第九章中更详细地讨论这一点。我在这里提到这一点，是为了尽量清楚地说明心理灵活性意味着什么，因为培养心理灵活性是这本书的全部目的。此外，我猜你已经尝试过积极思考，提高自尊和自信，但效果并不怎么好。

你并不是唯一经历这些的人，你也没有做错什么。以前，心理学家或许会告诉你成功的唯一途径是改变我们的思想和感受，但现在这种观点已经过时了。当代研究发现，这种方法不仅行不通，而且常常适得其反[16]。在接下来即将呈现的第二部分中，你将学到一种全新的、有科学依据的方法来处理内在体验，使它们不再阻碍你前行。二十年来，我一直在自己的生活中培养心理灵活性，我确信，正是它，让我在即使感觉不可能或灵魂崩塌的时候也能突破成长。第一步，就是拓宽你对阻碍你发展的事物的认识。

本章概要：需要了解的内容

- 无法通过成就摆脱冒名顶替感：爬得越高，人们对你的期望就越高。
- 冒名顶替感是由强化学习的循环来维持的。
- 我们可以通过增强心理灵活性来打破这种循环——接纳所有的内心体验，并基于价值观做出选择。
- 当我们被语言束缚或逃避不适时，就会出现心理僵化。
- 我们不需要改变自己的想法和感受，而是需要改变我们与它们的关系。

行动指南：可操作的练习

在日记本、电脑或书页空白处，记下以下内容。

- 你的冒名顶替感的周期（无论是否包含你的亚型）。
- 你自己心理僵化的例子：你最倾向于逃避哪些感受（情绪、感觉、冲动）？听从规则、理由、合理化解释、假设、判断或预测，这些心理机制在哪些方面让你陷入困境（要么逃避努力，要么过度努力）？

第二部分　进阶

第四章
摆脱自动驾驶：活在当下的馈赠

> 自由是一个人有能力意识到他是那个做决策的人，他要在刺激和反应之间稍作停歇，从而将决策的权重——哪怕再轻微，放置到几种可能反应中的某个特定选项上。
>
> ——罗洛·梅（Rollo May）

电影《低俗小说》（*Pulp Fiction*）中有一段被删掉的戏，米娅·华莱士（Mia Wallace）问文森特·维加（Vincent Vega）："你在听我说吗，还是一直在等着说你想说的？"文森特回答："说实话，我一直在等着插话，不过我现在会努力听你说。"不管你怎么看待塔伦蒂诺（Tarantino）的电影，他的确是写对话的一把好手。他写的这场戏精准地把握住了人类行为。说实话，我们谁又没有点文森特·维加的影子呢？我们的思绪总是飘向未来，而不是专注于当下。事后，我们又会反复琢磨对话的每一个细节，为自己说过或没说过的话自责不已。结果，我们错过了每一个当下，因为我们的思绪只在过去与未来之间穿梭。

人类独有的认知能力是能够回溯过去和预见未来，这有时对我们很有帮助。记住昨天的交通拥堵情况，今天你就会选择另一条路线，从而避免迟到。提前想到下周的项目截止日期，就有助于确保你按时完成任务。但这也是语言可能导致心理僵化的另一个方面。反复咀嚼上一段感情中的伤痛，可能会让你在下一段感情中封闭自己（或者干脆避免开始新的感情），即使你内心渴望感情上的连接和亲密。担心转行到新领域会被人发现是个无能之辈，可能会让你裹足不前，即使职业成长是你深切看重的。

那么，我们该如何权衡认知时间旅行（Cognitive time travel）的利弊呢？通过觉察和选择。

大家请注意！

人类每天大约要做35 000个决定[1]，其中绝大多数都是在自动驾驶模式㊀下完成的[2]。真要感谢这种自动驾驶模式。你能想象如果我们每天都要深思熟虑地做出35 000个选择吗？我们对环境中无尽的感官输入保持注意力的能力是有限的，无论是容量还是持续时间，所以我们的大脑被设计得非常挑剔[3]。选择性注意（selective attention）的认知过程使我们能够专注于特定的刺激，同时过滤掉无关的细节。这样，你就可以在火车上专心阅读，而忽略其他乘客的视线、声音和动作。

选择性注意有多种模式。有人认为，我们会扫描并聚焦重点[4]，而另一些人则提出，我们会过滤掉不重要的内容[5]。虽然这种能力能防止我们受到过度刺激，但当大脑根据语言来决定什么重要时，它可能会剥夺我们体验到的意义感和愉悦感。当我们错误地将某种情境解读为危险（无论是身体上的还是社交上的）时，我们的注意力就会被吸引到已经感知到的威胁上，从而忽

㊀ 自动驾驶模式是正念疗法中的一个概念，指的是我们在日常生活中习惯性的反应和行为。——译者注

略其他事物[6]。当然,当威胁真实存在时,这能保护我们的平安。万一一个持枪抢劫犯冲进银行,怎么办?赶紧趴下。谁还会在乎天花板的装饰有多美,或者柜员喷了什么香水?但如果这个威胁其实并不是威胁呢?

布伦妮·布朗（Brené Brown）在她的奈飞（Netflix）特别节目《勇气的召唤》(*The Call to Courage*）中说起一个故事。她和丈夫史蒂夫在特拉维斯湖（Lake Travis）度假时[7],有一天下午一起去游泳。她完全沉浸在当下,告诉史蒂夫她感觉自己和他在心里深深相连。史蒂夫怎么回答?"嗯,水不错。"她察觉到了一丝情感上的威胁。她的脑海里产生了一些语言化的理由,认为丈夫在"敷衍她":她老了,身材也不好了,他没那么爱她了。

作为一名羞耻感和脆弱性研究专家,布伦妮已经学了一两招应对方法。她通过观察自己的思绪,正视自己的感受,开诚布公地对话,漂亮地解决了这件事。但考虑到之前的经历,她在奈飞的舞台上告诉大家,如果当时处于自动驾驶模式,她又会如何应对,也就是从感知到的威胁到如何做出反应。她是这样描述的:"我会完全进入炸毛模式。我会暴怒,气到把他揍回码头。他会问:'嘿,宝贝儿,早餐吃什么?'我会阴阳怪气地说:'我不知道,宝贝儿——让我问问田螺姑娘……哦,对不起,史蒂夫。我忘了度假是怎么回事:我得负责早餐、午餐、晚餐,还有打包、理包、洗衣服、涂防晒霜、拿毛巾、喷防虫剂。'"

当史蒂夫说"嗯,水不错"时,布伦妮感知到的是一种情感上的威胁——她认为丈夫在拒绝她,她感到恐惧、孤独和羞耻。但她的解读是错误的。事实证明,史蒂夫并没有拒绝或评判布伦妮,他只是过度专注于自己内心的威胁体验。他告诉她,他一直在努力对抗惊恐发作——那是由一些发生在他自己身上的语言化故事引起的——他一直在担心自己不能成为一个合格的保护者。史蒂夫对布伦妮的反应与她没有任何关系！他们只是分别困在了自己内心的思绪和羞耻感里。

如果没有对这些内心体验的觉知，选择与价值观一致的反应的心理空间就不存在了。相反，只会有原始的自动驾驶反应。

布伦妮使用了一种她称之为"魔法句子"的解离技术（第八章会详细讲述），避免了与"田螺姑娘"的对峙。每当布伦妮被假设、预测或其他无用的语言困住时，她就会说："我给自己讲的故事是……"有意识地关注自己的内心体验拓宽了她的觉知范围，为她提供了心理空间，让她能更有意识地决定如何继续，而不是简单地做出反应。

我们在这里讨论的是培养心理灵活性的第一个重要基石：正念（mindfulness）。正念，指的是我们以一种特定的方式集中注意力的能力：有目的地，关注当下，且不加评判[8]。近年来，对正念的研究非常广泛。基于正念的实践已被证明能够减轻压力[9]，降低血压[10]，缓解痛苦、焦虑、抑郁、反刍[11]、慢性疼痛[12]、牛皮癣症状[13]、纤维肌痛症状[14]、注意力缺陷多动障碍症状（symptoms of ADHD）[15]，减轻医护人员的职业倦怠[16]等。

正念项目也开始进入工作场所。谷歌、安泰保险、美国陆军以及哈佛大学和加利福尼亚大学伯克利分校的研究生项目，只是为员工和学生实施了正式正念训练计划的众多组织中的一小部分[17]。研究调查了正念在工作中的益处，发现它能改善人际关系、心理韧性、工作业绩[18]、职业使命[19]和情感消耗[20]等。理查德·J.戴维森（Richard J. Davidson）和他的同事们发现，那些从事特别高压力工作的人，在经过正式的正念训练后，他们的情绪、能量水平和免疫功能都有所改善[21]。

虽然坐式冥想或引导式冥想是练习正念的一种方式，但它们绝不是唯一的方式，也不是我们在这里要重点讨论的。我的理解是，正念就像引爆器被按下和炸弹爆炸之间的那段时间。

炸弹隐喻

想象一下，有一个引爆器、一根导火索和一枚炸弹。导火索的长度决定了按下引爆器后多久炸弹才会爆炸。当我们在自动驾驶模式（请原谅我现在又加入了不同隐喻）下做出反应，而不是经过深思熟虑、有意识地从觉知的状态中做出选择时，导火索就变得极短：引爆器一按，炸弹立马就爆炸。很多事情都可能使我们按下引爆器——被拒绝（无论是感知到的或是别的）、负面反馈、育儿挑战、交通拥堵、全球疫情、压力、焦虑、不确定性，当然，还有表达方式。还包括冒充者思维。

批评就是我的强力引爆器。每当我急着抗拒批评的时候，也就是炸弹快速爆炸的时候，而没有考虑到我希望自己在这一刻有何表现——表现得开放、包容、好奇和谦虚。正念——以不带评判的方式觉察当下，包括我们的想法、情绪、身体感觉和冲动——有助于延长炸弹的引信。正念能营造出一种心理空间，让我们得以调整我们的反应模式，即依据我们希望自己如何回应来做出反应，而不是直接跟着我们的想法和感受走。随着不断进行着的正念练习，我们将变得熟能生巧，能轻松自如地拆解炸弹的引信。这一切的前提是，正念创造了一个心理空间，让我们可以练习这些技能并选择新的反应。

专注感受

我最喜欢的活在当下的方法是利用我的感官。现在，花一

第四章　摆脱自动驾驶：活在当下的馈赠

分钟时间，闭上眼睛，只是聆听。真正地聆听。大卫·格雷（Daivid Gray）的音乐响起（我的最爱之一）。但当我闭上眼睛，真正去聆听时，我听到了时钟的滴答声、狗狗的呼噜声和肚子的咕噜声——这些都是我之前没有注意到的声音。现在，选择附近的一个物体，仔细观察它。如果你身边正好没有任何物体，那就看看你的手。仔仔细细地看。注意细节。

同时，也要注意你有没有开始走神。也许空调的声音会让你想起去年去俄勒冈州的那次旅行，当时那里的气温高到难以想象的115华氏度（约46℃）。然后，你可能会想，什么时候能再去一次俄勒冈州，还有什么时候是体验更典型的太平洋西北地区天气的最佳时机。那么现在，你可能又在担心未来气候变化的影响。哇哦，这就是我们神游万里，思接千载的大脑！

还要注意，大脑倾向于做出评判。也许你的大脑会把交通噪声标记为"烦人"，或者把你手上的雀斑看作"丑陋"。如果你的大脑正在走神或者在做评判，这并不意味着你没有正确地练习正念。虽然正念的定义包括了"专注于当下"和"不做评判"，但要100%地保持专注当下并消除评判是不可能的。然而，如果你能察觉到自己在走神或在做评判，那就让这些想法过去，并温和地将注意力重新转回当下，专注于你正在听到或正在看到的客观特质，那么你仍处在正念中。这是一个不断回到当下，一次次放下评判的过程。此刻，你可以通过仔细观察气味、味道和触感练习专注当下。为了真正找点乐趣，试试用你的非惯用手写字。

如果你想知道，创作出看起来像四岁小孩写的东西怎么能有助于克服冒名顶替感，那这大概不可能，至少不能直接做到。但它能帮助你锻炼正念"肌肉"。如果你定了一个攀登珠穆朗玛峰的目标，却连社区公园后面平坦的步道都没走过，那你这个周末

057

甚至今年都不会出发去尼泊尔。你需要训练。大量的训练。同样地，如果你希望擅长拆除内心的"炸弹"，仅仅阅读正念的定义并不能让你神奇地停止反应。你需要训练。大量的训练。

使用你的感官来专注当下，放下评判，这是一种注意力练习。我希望你善于察觉。当你成为更好的观察者，更敏锐地觉察到你看到的、听到的、闻到的、尝到的和触摸到的，你就会更好地觉察到自己的想法和感受。拓宽你对一些特定想法和感受的觉察（又称之为延长引信），当这些想法和感受会触发你"引爆器"时（或者被外部刺激触发时），你可以有意识地选择你的反应，而不是让你的"炸弹"爆炸。但那个目标像珠穆朗玛峰那般难以企及。所以，首先，我们要训练。

正念饮食

以下是一些训练指导，帮助你通过一项关乎五种感官的饮食练习来训练你的正念。

- 选择一种你喜欢的食物。
- 将它放在掌心。仔细观察它：颜色、形状、光泽、阴影等（视觉）。
- 将它靠近鼻子，深呼吸，闻它的气味（嗅觉）。
- 将它放入口中，但不要咬。让它在口中滚动，注意它在口腔里和舌头上的感觉（触觉）。
- 留意唾液的变化或想咬下去的冲动。
- 咀嚼。注意咀嚼的感觉（触觉）。注意咀嚼的声音（听觉）。注意口中的味道及其变化（味觉）。
- 留意吞咽的冲动或欲望（但不要咽下去）。
- 吞咽，并注意这个体验过程中的每一个方面。

第四章 摆脱自动驾驶：活在当下的馈赠

- 注意自己的判断和评价（如果你选择的是喜欢的食物，这些评判可能是积极的）。
- 用一种你不喜欢的食物重复上述过程。

痛苦 × 活在当下 = 自由

20世纪80年代初，我还是个孩子的时候，特别讨厌体育课（我们以前叫它"体操课"）。多亏了肯尼迪总统的青年健身计划（JFK's Youth Fitness Program），我那位穿着紧身涤纶短裤的体育老师弗朗索瓦先生，会在我们做体操时播放一首叫Chicken Fat的歌曲，这是肯尼迪计划的主题曲。梅里迪斯·威尔森（Meredith Wilson）写的歌词，要求孩子们每天早上都要做俯卧撑（并不是偶尔做做而已），歌里提到"软趴趴的家伙们"，还称听众为"鸡油"[22]。

因为我小时候胖乎乎的，父母都叫我"小胖墩"，所以，听着Chicken Fat做开合跳，自然不是我的最爱。三年级时，我们和四年级的学生一起上体操课。我们班排在体育馆的一边，正对着另一边的大孩子们。有一次，我真的急着上厕所。我举起手，一直举着，但弗朗索瓦先生就是不叫我。作为一个守规矩的"好孩子"，我从来没想过要跳出队伍去找他（或者直接跑去厕所）。我太怕惹麻烦了。最后，我实在憋不住了，接下来的事情就是，我只知道我站在了一摊水里，我原本浅绿色的Healthtex裤子，有一部分变成了深绿色。太丢人了。

我永远成不了世界级的运动员，但在此之前，小学的时候，我和其他小学生一样喜欢体育活动。到了中学，青春期加上集体更衣室，让体操课变成了噩梦。我的上肢力量不足，无法去爬绳子,也无法在全国性体能测试中完成屈臂悬挂(我人生中唯一一次作弊,就是在跑1英里的时候提前一圈结束了)。到了12岁,我已经对运动锻炼产生了极度的厌恶。

成年后开始锻炼时,每一节踏板有氧体操课、每一次举重训练、每一次在跑步机上走或跑、每一次动感单车训练,都伴随着这样的念头:真糟糕。我恨死这个了。我汗流浃背,气都喘不过来了。什么时候才能结束?我的腿太沉了。我不理解怎么会有人喜欢运动。太惨了。我在这方面太烂了。我永远也养不成这个习惯。去他的,那些让我觉得要变瘦就得这么做的人。你看,都是评判,全是评判,还是评判。

当我了解到正念的概念后,我开始在锻炼时练习它。我不带评判地感受着肌肉的感觉。我留意着呼吸进出身体——它的频率、节奏和声音——不带任何评判。我对身体各个部位如何协同运动感到好奇,同样不带评判。然后,奇迹般的事情出现了。不,我并没有痴迷地爱上运动,也没有报名参加铁人三项。但我不再那么讨厌它了。运动就只是运动。而不再是我脑海里对它的各种评判。运动本身会带来一些痛苦。但运动+评判+评判+评判,却让痛苦的感受永创新高。

有人说,痛苦×抗拒=苦难。评判就是一种抗拒。塔拉·布拉赫(Tara Brach)告诉我们,痛苦×活在当下=自由[23]。我爱这句话。没有足够的痛苦的助力,我们无法逃脱生而为人的宿命。但有时,我们可以选择自己承受多少苦难。正视我们的经历,活在当下,同时放下评判,就能减少苦难,获得自由。

即便是在充满痛苦的人生中,把握住那些微小而有意义的瞬间,也能减少苦难。在新冠疫情肆虐的高峰期,我的同事汉克·罗布(Hank Robb)分享了一个关于柠檬的比喻,我非常喜欢。此后，我加以改编和扩展，来阐释身处其中并活在当下的重要性，这是减少苦难、创造自由的一种方式。

柠檬

人们常说，生活递给你柠檬，你就榨柠檬汁。但他们没告诉你，如果没有糖，该怎么榨柠檬汁。我不知道你的情况如何，但对我来说，过去几年里，随着全球疫情、气候变化、校园枪击案等一连串事件的发生，生活里的"糖"似乎少得可怜。能避免把柠檬汁溅到眼睛里就已经算是万幸了（再次为混合隐喻道歉，但你懂我的意思）。当生活变得如柠檬般酸涩，要找到那点甜似乎成了不可能。此外，在忍受种种酸楚和甜腻的时候，还要保持活在当下的感觉，也是我们最不愿意做的事。但我知道的是：想要尝到甜，唯一的办法就是身处其中。去亲历那些看似微不足道的小时刻。这就是我们榨柠檬汁的方式，虽然缓慢，但每次放一块糖，总能尝到甜。也许是早晨的第一口咖啡，也许是皮肤上感受到的温暖阳光，也许是无意间听到孩子们难得一次的合作，也许是回家时爱犬的迎接，也许是一条在乎的人发来的简单信息，也许是一路绿灯的通勤路况，也许是与伴侣的一个亲吻。这些小事不会抹去我们在其他时间里经历的所有小烦恼。它们不会消除社会不公，也不会拯救地球。它们甚至不会让你追求理想事业的道路变得不那么让人生畏。但它们会为我们带来应得的那点甜，中和掉那些无法避免的酸涩。

我们中的大多数人生活在这样的文化中，一直被教育，生活在于你的一系列重大时刻：毕业、升职、奖金、荣誉、婚礼、孩子、假期。假设我们足够幸运，在几十年的生活中，也许只能遇到十几个这样的时刻。那么，生活的其余部分呢？说真的，生活难道不是大多由那些随时间串联起来的小时刻组成，其间点缀着几个大事件吗？如果我们错过了这些小时刻，我们就错过了生活。

在《用心去活》（*Life Lessons*）一书中，伊丽莎白·库伯勒-罗斯（Elisabeth Kübler-Ross）和大卫·凯斯勒（David Kessler）向我们传授了有关时间的教训：时间并不对我们任何人做出承诺，所以我们需要学会活在当下[24]。构建有意义的个人生活和职业生涯，很大程度上意味着（不带评判地）接受我们的每一个瞬间，活在当下。另一个重要之处，则是要明白这一切为何重要。

本章概要：需要了解的内容
- 正念是有意识地、灵活地，且不带评判地关注当下的过程。
- 正念在刺激与反应之间创造了空间。在这个空间里，我们可以做出更有意识的选择，决定如何行动（是继续还是停止某种行为）。
- 正念可以通过正式的冥想练习，或简单地通过专注于感官体验来实践。
- 正念练习，无论是正式的还是非正式的，都有诸多益处。
- 全身心投入每一个微小瞬间，并活在当下，这很重要。

行动指南：可操作的练习
在日记本、电脑或书页空白处，记下以下内容。
- 通过以当下为焦点，带着好奇心，不带评判地去看、去听、去闻、去触摸、去品尝，来锻炼你的正念。

第五章
牢记初心：对于最终的意义日益清晰

> 我领悟到，只要我坚守自己的信念和价值观，并遵循内心的道德指南，那么我唯一需要满足的期待，就是我对自己的期待。
> ——米歇尔·奥巴马（Michelle Obama）

1987—1991年，我在上高中，那时杜克大学的篮球队总是出现在NCAA（美国大学男子篮球联赛）最后四强赛中，而克里斯蒂安·莱特纳（Christian Laettner）和迈克·沙舍夫斯基（Mike Krzyzewski）也是家喻户晓的名字。我对篮球毫不在意，但我却想象自己能成为学生群体中的一员，代表齐心协力的铁杆粉丝社群，庆祝球队的霸主地位。我参观了杜克大学的校园，并爱上了那里的新哥特式和佐治亚式建筑。我从骨子里感觉到这就是我的心之所属。根据我SAT分数，加上我没读AP课程（美国大学选修课程），杜克大学是一所"我需要冲一冲才能上的梦想学校"，但我以全班前5%的成绩从高中毕业，还有着大量的课外活动和领导经验，因此我想也许我还有机会。

然而我想错了。我被梦想中的学校拒绝了。

这只是我众多失败中的第一次，从其他学校的拒绝，到播客提案的被拒，再到试图在社交媒体上建立影响力却无人问津，再到雇了几个噩梦般的员工，以及十年来撰写儿童书籍和个人散文却一本都未能出版。

对于5~18岁的孩子来说，他们的教育路径几乎不需要选择：上学是法律规定的，公立学校不需要申请，所以不存在被拒绝的情况。高中毕业后，申请第一份工作、职业学校或大学，是我们小心翼翼地踏入职场时做出的首批重大选择。这既令人兴奋又令人害怕，既充满希望又令人畏惧。一旦我们做出了选择（提交了申请），我们就感到一种前所未有的脆弱感。我们押上的赌注越高，对于被拒绝的恐惧也就越真切。诚然，当你还是小孩子的时候，可能已经经历过儿童足球队招生时排在末位、在校园剧中落选主角，或者邀请舞伴时遭遇冷场。有些拒绝，很早就在人生中出现了——我在自己的孩子身上看到，他们会因为小学朋友不让他们参加游戏或没有邀请他们参加生日聚会而感到受伤。但孩子们似乎能从这些痛苦的感受中更快更好地恢复过来。他们在受伤后，是如何继续社交的呢？什么是他们拥有的，同时恰恰是成年人似乎在成长中失去了的呢？

这是一个复杂的问题，虽然目前还没有完整的答案，但一些研究表明，当我们是小孩子的时候，心理上可能更加灵活，随着我们在第三章中所讨论的语言的复杂性开始完全占据主导地位，这种心理灵活性会随着时间的推移而减弱[1]。但在此之前，孩子们会感受自己的情绪，有自己的想法，并且选择重新回到社交中，因为与朋友建立联系和享受快乐对他们来说很重要。

之前，我分享了一些自己写作的经历——我内心的那个"专家型冒充者"如何花费大量时间和金钱去了解这个行业和学习其中的技艺，这样我才感觉自己不那么像个冒牌货。但我没有提到的是，尽管手稿多次被拒绝，我仍然坚持写了十年。也许你会想,我应该早就远离键盘了,毕竟,十年例行公事般的拒绝肯定意味着我是个糟糕的作家。但对我来说,真正重要的是为什么我持续不断地写作,而不是这样写作会带来什么结果。当然,我想要一个实实在在的成果——作品得到出版——但无论我是否达成这个目标,都不会影响我是否选择继续写作。

价值:你的初心

在上一章中,我们讨论了正念作为心理灵活性的第一块基石。正念在触发因素(如导致冒名顶替感的拒绝或失败)和反应(如远离键盘)之间创造了空间,使我们能够基于除不适感受或自我批评想法之外的其他因素来做出选择。这个"其他因素"就是我们的价值观。我们的价值观就是我们的"初心"。

价值观是指我们想在生活中追求的。它们代表了我们想要捍卫的立场,以及我们终其一生希望成为什么样的人,希望如何生活。它们体现了我们真正在乎的东西。当我们过着有意义的生活时,价值观就体现在我们的生活方式上[2]。以价值观为中心的生活,是一种痛苦更少的生活。研究发现,仅仅减少痛苦和回避并不能使生活变得更有意义,不过更多地投入到与价值观相一致的生活中的确能减少挣扎和痛苦[3]。我们可以通过一个三层锥来开始剖析你的价值观,锥体宽边朝上,尖端朝下(如图5-1所示)。

第一层代表的是生活的各个

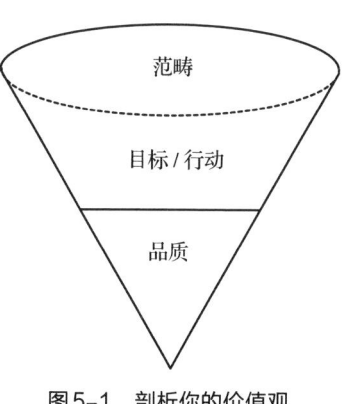

图5-1 剖析你的价值观

范畴。这些是大的类别，比如友谊、婚姻、育儿、职业、教育、家族、健康、精神追求、娱乐、社区活动和服务。

第二层是我们所做的事情。它代表了我们可能在这些范畴中设定的目标或采取的行动。这可能包括找到一份更有成就感的工作、与家人共度时光，或是更好地照顾自己。

第三层藏着最精华的部分，就像雪酪的底部才是它的灵魂。这一层代表了我所说的"价值观"的真正内涵。它涵盖了一切你想要呈现的品质，即你在执行第二层的行动时，希望在第一层内体现的品质。如果说第二层代表着你做什么，那么第三层就代表了你如何去做。这可能包括充满爱心、专注、活在当下、体贴、大胆、勇敢、坚持不懈、富有同情心以及自尊自爱等品质。

价值观一览

接纳的、冒险的、有爱心的、自信的、专注的、真诚的、自主的、大胆的、勇敢的、关怀的、承诺的、富有同情心的（对自己/他人）、乐于奉献的、合作的、礼貌的、富有创造力的、好奇的、可靠的、探索性的、公平的

忠诚的、健康的、灵活的、宽容的、自由的、友好的、慷慨的、感恩的、乐于助人的、诚实的、谦逊的、幽默的、独立的、勤奋的、公正的、善良的、知识渊博的、充满爱的、忠诚的、养育的、开放的、有序的

坚持不懈的、会玩的、专注当下的、尊重的（对自己/他人）、负责任的、浪漫的、感性的、性感的、滑稽的、熟练的、精神的、支持性的、深思熟虑的、信任他人的、值得信任的、有美德的、富有的、主动意愿高的

如果在进行第二层的行动时,没有体现出第三层的品质,那么这样的生活并不算是有价值的生活。以花更多时间陪伴家人(或朋友、伴侣等)为例。假设你决定每周日晚上都和家人一起吃晚饭。但你整个晚上都在刷社交媒体、查看邮件或接电话,虽然你人在场,但想想你都是怎么陪他们的。如果你重视家庭(属于第一层:范畴),并且承诺要多花时间陪伴父母、兄弟姐妹、孩子们或亲戚们(属于第二层:行动/目标),那么价值观等式中最重要的变量就是你如何表现(属于第三层:品质)。你是人在心不在呢?还是表现得像细心的手足、逗趣的父母或投入的表弟呢?

再举一个例子,也许你在第二层的目标是获得晋升,或者像我一样是发表一篇文章。如果你未能实现目标,感觉自己像个冒牌货,并且没有与第三层的品质——比如毅力、勇气、技艺或创造力——产生深厚的联系,那么即使这个目标对你来说很重要,你可能还是会更轻易地放弃。为了坚持你的目标,你可以问问自己:为什么这次晋升对我来说很重要?我究竟想成为怎样的人,我又该如何继续保持这样,即使我感觉自己像个冒牌货,而且还没有得到这个职位?

我写作是因为我想成为一个具有创造力、勇于挑战、不断学习、提升技能、勇敢且坚持不懈的人。所以,即使我的作品被拒绝,我感觉自己像个冒牌货,我还是会继续尝试,不放弃。在经历了10年的被拒绝后,我在第11年终于发表了我的第一篇文章。你可以想想如何利用你的价值观,让下次的晋升变得更有可能。如果还是没能晋升,你也可以继续有意识地培养这些品质,继续朝着对你重要的方向前进。重要的是,要记住我们无法控制大多数结果,只能控制我们为拿到这些结果而采取的步骤(第六章将更详细地讨论这一点）。综上所述，这三个层次代表了你的初心。

在我们深入探讨你的价值观之前，让我们看看你是否能先头脑风暴一下，想一想你的三层锥会画成什么样子。每个范畴指向一个不同的锥体，如图5-2所示。

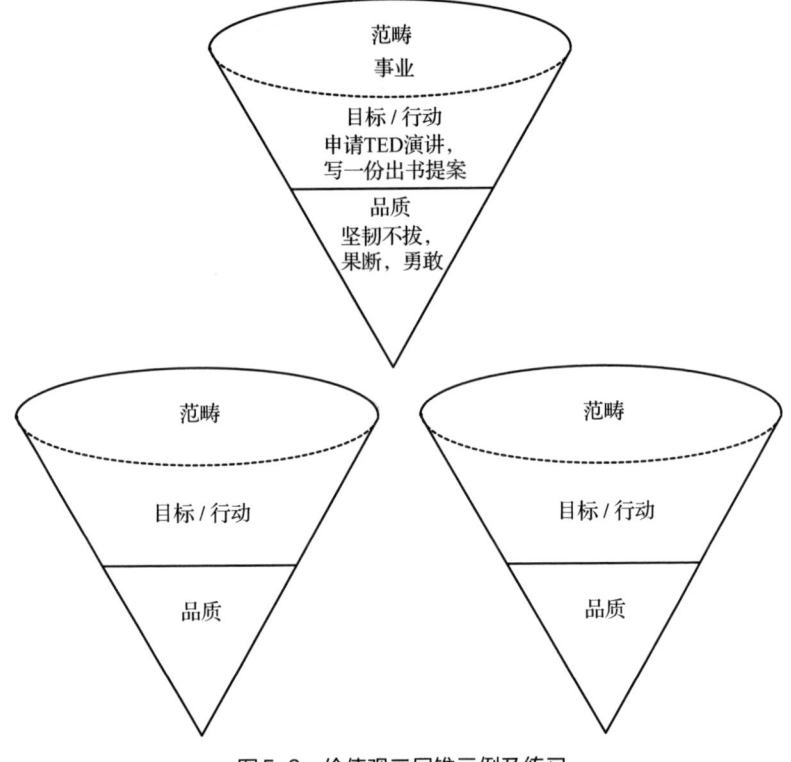

锥体1：
- 范畴：事业
- 目标/行动：申请TED演讲，写一份出书提案
- 品质：坚韧不拔，果断，勇敢

锥体2：
- 范畴
- 目标/行动
- 品质

锥体3：
- 范畴
- 目标/行动
- 品质

图5-2 价值观三层锥示例及练习

如果你填完一两个三层锥后，还是感到不确定，别担心，我们还有更多内容要深入剖析。让我们先从澄清几个关于价值观的要点开始。

价值观是什么？

价值观代表着你内心深处最渴望成为的自己，它指引你选择那些重要且有意义的行为。进一步来说，价值观也是自由选择、不断发展的，并且是具有引领性的。

价值观是自由选择的。这意味着价值观不是"应该"如此，也不是由你的父母、宗教、朋友、文化或任何其他社群为你选择的。你的价值观可能与你的父母、宗教、文化等相契合，但更重要的是，它们是在没有外部压力或既定的规则条例的情况下，由你自己选择的。事实上，当你的价值观不是自由选择的时，你可能会变得容易受到心理学家杰克·布雷姆（Jack Brehm）所称的"心理抗拒"的影响，又或者当外部期望对你的自由体验构成威胁时，你会倾向于采取相反的行动[4]。本质上，你内心的小孩会反抗，即使这会带来巨大的个人代价。

价值观是不断发展的。你的价值观永远不会"定型"。与有终点的目标或可以从待办事项列表中勾选掉的任务不同，价值观是我们持续体现的品质。你永远无法达成绝对完美的状态，如深情的伴侣、互相支持的同事、果断自信的员工。深情、支持和果断是我们选择一次又一次回归的品质。我们永远不会停止深情、支持或果断。

价值观是具有引领性的。当你投身于有价值的行动时，你正在朝着你想要成为的人和想要过的生活迈进。有时，这让你感到舒适，但也不一定。你不是在刻意远离那些你不想要拥有或感受的。例如，你可能看重乐于助人。一种积极的、以帮助为目的的"乐于助人"行动，本质上就是有回报的（即使它涉及牺牲），就像感恩节时在施粥所做志愿者，是因为你希望将这份善意传递下去。而一个背离"乐于助人"行动的情形可能是，你答应在工作日开车送朋友去机场,因为你害怕一旦拒绝,他们可能会生气,而你不想感到内疚。看似相同的价值观实际上服务于两种不同的事物。真正的价值观指引你朝向重要事物前进,而不是远离不适。有时,对我来说,价值观帮助我将这样的主动选择视作被某种东西引领或召唤,而不是从背后推动而被迫向前。

价值观不是什么?

除了上述所言,价值观还有一些特点,它没有设限,也并非情绪,更无意于改善感受。

价值观没有设限。 你可以随时选择任何一个选项,无论你的过去或现状如何[5]。例如,你可能会发现自己说过这样的话——"以前我认为浪漫的爱情非常重要,直到我被伤过之后,就再也无所谓了,因为我实在承受不住。"或者"以前我觉得升职加薪很重要,然而当我看不到任何希望时,把它看得那么重又有什么意义"。一个人可能会选择在特定时间不必优先考虑某个生活范畴内的事情。但当我们谈论价值观时,我们指的是,如果你生活在一个完全自由、不受限制的环境中,你会选择什么作为重要的东西,什么能让你的生活充满意义。当我说价值观不受限制时,我的意思是,在价值观的选择上,不存在"但我不能选择那个,因为……"的限制条款。选择那些能带来更大意义或活力的行动和品质,对你而言,是百分之百可行的,而且随时随地都可以。当然,在这一过程中,你会出现各种各样的想法和感受,这些都会阻碍价值观的形成。有时,我们在现实世界中能做的事情也会受到这样或那样的阻碍。但价值观本身是不受限制的。我们将在后面的章节中深入探讨如何克服这些障碍。

价值观并非情绪。 尽管我们愿意相信自己能控制自己的感受,但事实是，我们做不到。实际上，往往我们越想限制或增强某种感受，反而越会适得其反[6]。我们将在第九章中更详细地讨论这一点，但这一点重要是因为价值观肯定是我们能够选择的品质。我们无法选择自己的感受。因此，感受的状态不能称之为价值观。例如，我们不能把"平静"作为价值观，但我们可以在愤怒时也保持尊重他人，以体现价值观的选择。

价值观无意于改善感受。 当我教人们建立心理灵活性时，他们常说："太好了！如果我只需按照自己的价值观生活，那我就能摆脱这种自我怀疑和焦虑了！"但事实并非如此，我很抱歉不得不指出这个虚假事实。为什么呢？因为追求真正重要的事情风险很高，可能会引发焦虑。如果你打算勇敢地追求新工作，或与他人分享你的创意作品，那么无疑，你会感到更加脆弱。你在乎结果，所以你会担心自己的表现。这正是冒名顶替感出现的地方。但那种情绪上的痛苦往往是一个信号，表明你正处在你应该在的地方。事实上，你可以通过观察自己的不适来更好地理解什么对你最重要，并且你可以利用对你最重要的东西（你的初心）来指引你前行，即使在你感到不适的时候。舒适是有代价的，而不适则带来馈赠。学会灵活地与痛苦相处的好处是，我们可以自由地生活，追求充满机遇、意义、活力和满足感的道路。

雅尼娜，就是你在第二章中见过的那位，她在我开设的临床咨询课程中读博士时，被我们小组关于价值观的讨论打动了。雅尼娜知道，我除了是她的教授外，还经营着一家心理诊所，专门为焦虑症患者提供循证治疗。她看到了在课堂之外学习实践这些疗法的机会，于是有了在我的诊所求职的想法。这个想法一出现，她就觉得自己像个冒牌货。她对自己说："她根本不可能给我工作。我什么都不是。我没有经验。而且她还是吉尔·斯托达德。(最后这句话让我觉得自己像个冒牌货。)"尽管她百分之百确定我会拒绝她,并且经历了强烈的身体恐慌、自我怀疑,以及担心我可能会对她有不好的评价,但她还是决定去尝试。根据我们在课堂上的讨论,她告诉自己:"如果我不去做,我会后悔自己连试都没试。"雅尼娜决定朝着自己的价值观前进,而不是逃避自己的不适。

你可能还记得第二章中提到过,雅尼娜现在为我工作。事实上,我们刚刚庆祝了我们的十周年"工作纪念日"。但在她求职的那天,我确实拒绝了她。雅尼娜最担心的事情发生了。尽管这次拒绝给她带来了情绪上的痛苦,但当她有权选择鼓起勇气去大胆追求一个有意义的机会时,她感到能量满满。在拒绝聘用雅尼娜几天后,我意识到,如果不为这个聪明、热情、勇敢、积极进取的能人设立一个职位,那我一定是傻了。于是,我也遵循了自己的价值观。最终,我们都赢了。当我问雅尼娜,假如我没有改变主意,那次尝试是否仍然值得时,她回答:"百分之百值得!"当你选择价值观时,常常会有一种感觉——也许是一种直觉、本能、智慧或确知——即使你期望的结果并没有发生,你仍会有这种根深蒂固的明确的感觉,"对,这是对的。我应该多做这样的事"。对雅尼娜和我来说,情况就是这样。

写下你的墓志铭

我最爱的开始思考价值观的方式之一,就是撰写墓志铭[7]。我知道这听起来有点阴森森的,但请和我一起多坚持一会儿。之后,我们会以一种更加积极、充满活力的方式来玩转它。墓志铭是一段简短的铭文,刻在墓碑或纪念碑上,用以纪念逝者。如果你来撰写自己的墓志铭,你希望它如何描述你选择的生活方式呢？

你是希望你的墓志铭如同以下这般吗？

"此地长眠着（你的名字）。他擅长规避风险，以避免被拒绝、失败和冒名顶替感困扰。"

"此地长眠着（你的名字）。他将所有想法、感受和意见都藏在心底，以避免被评判或拒绝。"

"此地长眠着（你的名字）。他不懈地追求成就，只为获得认同感，却因此错失了工作之外的生活。"

"此地长眠着（你的名字）。他因害怕被揭穿为冒牌货而逃避挑战。"

还是，你更希望它像这样描述呢？

"此地长眠着（你的名字）。他敢于展现脆弱，选择冒险面对拒绝和失败，只为勇敢地生活，追求有意义的机会。"

"此地长眠着（你的名字）。他冒着被评头论足的风险，公开表达自己的想法、感受和观点，只为做真实的自己。"

"此地长眠着（你的名字）。他追求那些让自己充满激情的机会，同时也不忘为工作之外的重要活动和人际关系留出时间。"

"此地长眠着（你的名字）。他勇敢迎接挑战，尽管感到恐惧、不确定和自我怀疑。"

写下你的墓志铭：

此地长眠着＿＿＿＿＿＿＿＿＿＿＿＿＿＿＿＿。

他＿＿＿＿＿＿＿＿＿＿＿＿＿＿＿＿＿＿＿＿＿＿＿＿

＿＿＿＿＿＿＿＿＿＿＿＿＿＿＿＿＿＿＿＿＿＿＿＿＿。

最近，我让一位来访者练习写墓志铭，但她的脑海中并没

有浮现出任何文字，而是出现了一个迪斯科舞厅里镜球的画面。"迪斯科镜球对你来说代表着什么？"我问道。她描述了一个由许多细小且不完美的零件组成的物体，这些零部件组合在一起时，会闪烁着耀眼的光芒。她说，迪斯科镜球代表着乐趣，能营造出一种亲切的氛围，并将光芒反射回这个世界。这正是她所渴望成为的样子。她希望接纳自己的小缺点，并专注于自己作为一个完整的人所能贡献的一切。她渴望成为一个能将他人的光芒反射回他们自己身上的人。同时，她也希望自己既有趣又亲切。这包含了太多的价值观！所以，如果你难以用文字来表达，不妨试着选择一个具有象征意义的物品来代替。

写下你基于价值观的品牌标语

不喜欢以死亡为主题的墓志铭吗？那我们来试着创作一个基于价值观的品牌标语吧。品牌标语旨在体现一个品牌的价值观和使命。以下是一些特别著名的标语。

迪士尼乐园：地球上最快乐的地方。
耐克：想做就做。
安盛保险：您处于可靠之手。
万事达卡：万事皆可达，唯有情无价。
M&M's：只溶在口，不溶在手。
欧莱雅：你值得拥有。

最有效的品牌标语是那些既令人难忘，又富有意义（即能传达出优势），同时充满乐观或积极情绪的标语。所以，让我们用类似的方式创作自己的标语。以下是我的一些创作，以及我想要体现的价值观。

吉尔：努力工作，尽情玩乐。（勤奋、童心、乐趣、幽默）
吉尔：表里如一。（真实性）
吉尔：修炼中的完美的不完美女人。（接纳、成长）
吉尔：生活着、欢笑着、爱着、灵活着、写作着。（活在当下、幽默、热爱、心理灵活性、创造力）

> 现在轮到你了。动脑筋想几句你自己觉得有趣的品牌标语，并记下它们想要表达的价值观。如果你觉得我的版本合适，随时欢迎借鉴。
>
> （你的名字）：_____
> _____
> （你的名字）：_____
> _____

选择决定成败

我们往往认为决策都是大事：上哪所大学，是否接受工作邀请，何时结束一段关系。的确，这些都是重要的决策。但小事中也不乏选择的机会。每时每刻，都是我们做出选择的时刻。什么时候起床？穿什么？吃什么？什么时候离开？去哪里？做什么？是起床锻炼，还是按掉闹钟继续睡？是吃鸡蛋和水果，还是甜甜圈？是抬头对伴侣微笑，还是埋头玩手机？是跟车时离前车只有9英寸[一]，一边紧张地握着方向盘，一边咒骂左车道开得慢的司机，还是给车留点空间，别那么较真？

你可能会把上面的每个例子都解读为在"好"和"坏"之

[一] 1英寸=0.0254米。

间的选择。注意一下,你的大脑是不是判定赖床或吃甜甜圈是"坏"的,或者认为我对这些的评价是"坏"的。实际上,我并没有给它们贴上任何标签。选择没有对错,也没有好坏。它们都服务于某种目的:要么是向价值观靠近,要么是远离不适。在上面的大部分例子中,选择可以是这两者中的任何一个。锻炼可能是基于多种价值观的选择:你关心自己的健康;你想为孩子树立运动的榜样;你想带狗狗出去锻炼。但按掉闹钟继续睡也可以是远离不适的选择:你昨晚照顾爱人到很晚,想让身体多睡会儿;你刚刚生完病;你想和猫咪裹在温暖的被窝里来练习自我关怀。锻炼也可能是一种远离不适的选择:你不愿意感到焦虑,所以试图通过锻炼来消除它,即便这意味着上班迟到;你试图消耗掉前一天摄入的所有卡路里,以避免感到(也许是错位的)内疚。如果你正在和奶奶视频通话,你可能会选择埋头看手机,而不是抬头对伴侣微笑。如果你正在拼命往医院赶着见孩子出生,或者见心爱的人最后一面,你甚至可能会选择紧跟在一辆慢车后面,以一种非言语的沟通方式表达"请让一下!"。

这里的要点是,价值观就是在不同的情境下做出深思熟虑的决定:如果你有机会以一种有意识的、深思熟虑的、不受限制的方式来做决定,那么你会选择在当前情况下重视什么。太多时候,我们按掉闹钟、吃甜甜圈或者像个野蛮人一样开车,都是在自动驾驶模式下发生的。在那一刻,并没有真正的选择发生。我们之前讨论过,正念能创造一个心理空间,让我们能做出更有意识的决策。心理灵活性意味着,我们要下定决心,基于价值观来选择自己的行为,而不是为逃避痛苦或回应那些没用的或紧迫的想法而让自己处于自动驾驶模式。

情境至关重要

这是否意味着，如果你今天选择了锻炼而不是按掉闹钟，你就永远只能做出这个基于价值观的选择了？当然不是。情境至关重要。唯一我希望你永远做的事是，每次面临选择时，都要不断地问自己："这是为了什么？"今天为了健身而起床锻炼，明天可能就为了补偿锻炼的辛苦而贪睡。只是要当心，不要合理化那些你实际上是在逃避的行为，并称其为价值观！记住，某些语言（如合理化、假设、预测、评判）可能导致心理僵化。我们的选择必须诚实，而这并不总是那么容易。如果我们没有睁大眼睛面对选择，那么逃避就可能发生在不知不觉中。

《治疗中的价值观》(Values in Therapy)一书的作者之一珍娜·勒琼（Jenna LeJeune）是我的朋友，我问她有没有什么窍门来辨别一个选择是基于价值观还是伪装成回避行为[8]。她说，她有时会观察自己做出选择后的情绪反应。如果她的主要反应是"呼！"，并且有一种如释重负的感觉，这通常是一个信号，表明她选择了逃避。如果她感到更有活力，或者体会到一种充满活力、有价值或自豪的感觉，这样的迹象表明她做出了基于价值观的选择。

我曾与一位在人际关系中难以调控情绪的来访者合作。她有被父亲抛弃的过往经历，她的父亲再婚，并且极端地偏爱他后来组建的家庭。因此，她对感知到的拒绝非常敏感，这是可以理解的。她想要的生活是指，在这种生活中，她可以在脆弱和害怕受伤的情况下，自由地、真实地去爱。她再也不想以牺牲亲密关系为代价，来封闭自己或让自己处于一种防御的状态。在我们一起合作的过程中，她勇敢地正视自己的价值观，与一位新男友建立了亲密、健康的关系。虽然他们的关系并不完美，但他们能够共同、有效地沟通并解决冲突。他们为彼此创造了一个心理安全的空间。五年后，他们的关系依然稳固。

在理想情况下，我的来访者也希望能对她的父亲和他的再婚家庭展现出开放、爱和真诚。然而，每次她尝试这样做时，他们都会再次拒绝或抛弃她。在这种情况下，我的来访者不得不重新思考她的价值观。她选择将安全、自尊和自我照顾放在首位，这意味着选择设定边界而非开放。你可能有类似的家庭情况，或者你的老板或管理层将员工的脆弱视为弱点，并以此来打击员工。如果你是女性，在某些情境中表达情绪可能是不安全的，你会被贴上"歇斯底里"或"不稳定"的标签。我们的价值观未必要改变，但在选择优先考虑哪些价值观时，情境至关重要。

葬礼与那个你想要成为的自己

弄清楚我们的价值观有多种不同的方法。我的播客联合主持人黛比·索伦森和亚埃尔·肖恩布伦（Yael Schonbrun），在最近一期关于过渡期价值观的节目中，分享了她们个人最喜欢的策略[9]。黛比是《应对职业倦怠的ACT疗法》（*Act for Burnout*）一书的作者，她分享说，她喜欢让自己、来访者甚至丈夫练习"葬礼想象"[10]。她描述了如何引导丈夫进行这项练习：让他想象一场挤满了人的葬礼，亲人们轮流讲述他以及他选择的生活方式。在进行这项练习之前，黛比和她的丈夫对于是否要孩子一直犹豫不决。想象自己的葬礼让她的丈夫清晰地意识到，他希望自己的人生中包含为人父这件事（幸运的是，黛比也支持这样的想法）。

没错，我们又回到了死亡的话题。意识到"人必有一死"能非常好地警醒我们：时间不等人，美好的生活只有经过深思熟虑才能达成。想象一下，你通过选择自己的价值观过上了有意义的人生。在你的葬礼上，你的亲人们会说些什么呢？

> **你的葬礼**
>
> 你度过了极好的一生，以自己的价值观为指引。爱你的人们会如何评价你和你的一生呢？
>
> _____
>
> _____
>
> _____
>
> 如果你想思考得更深入些，那么现在就想想，如果今天就是你的葬礼，这些人会说些什么。他们会如何评价你当前应对冒名顶替感或自我怀疑的方式？会如何评价你在感到焦虑或不安时做出的选择？这与你之前想象的有何不同？面对这些差异可能会让人痛苦，但这也可以成为你开始做出新选择的起点。
>
> _____
>
> _____
>
> _____
>
> _____

我的另一位联合主持人亚埃尔·肖恩布伦，她是《工作，为人父母，茁壮成长》（*Work, Parent, Thrive*）一书的作者，她通过考虑自己希望为三个年幼的儿子树立什么榜样的时候，明确了自己的价值观。她向我和黛比分享，她希望儿子们看到一个虽然不完美但依然很努力的人，一个感情充沛并能管理好它们的人，一个在职业抱负和养育子女之间找到平衡的人，一个愿意服务他人但有时候也想放松一下的人。当你思考自己内心最渴望成为的那个"我"时，那会是什么样子？你希望生命中最重要的人在你身上看到什么、学到什么呢？

你想成为的榜样之我

当你凝视你最爱的人（或动物）的眼睛，或是对着镜子凝视自己的眼睛时，你希望看到谁？如果一台摄像机记录下你的每一个举动，然后播放给你自己或崇拜你的人看，你希望自己做出了哪些选择？你内心深处最渴望成为并展现出来的"我"是怎样的？

_____

_____

_____

_____

"我该怎么做？（冒充者的）我该怎么做？"

当我的一位来访者来接受治疗时，她对自己上一周基于价值观所做的选择满脸自豪，我的心里也乐开了花。"你有什么秘诀？你是怎么做出那些选择的？"我问道。"太简单了，"她说，"每次做选择的时候，我就想想，WWJD（耶稣会怎么做）？"我的大脑光速运转：耶稣会怎么做？天哪，我怎么不知道她是信徒？我真是最差劲的治疗师。真不敢相信宗教信仰对她如此重要，而我却对此一无所知。随后她给我解了围。她说："你知道吗，我心里想的是，吉尔会怎么做？"我的来访者继续解释说，她肩上仿佛扛着一个想象中的吉尔，每次面临选择时，她就会想到我们的治疗会话，以及我会鼓励她怎么做。我太喜欢这个策略了！并不是因为我自大的以为自己就是耶稣再世，而是因为她想出了一个有助于专注自己价值观的好策略。

我自己也采用了这个策略,并且自此以后教给了无数的来访者和研讨会参与者。了解我的人都知道,我有点痴迷于奥普拉·温弗瑞(Oprah Winfrey),所以我的WWJD变成了WWOD,即奥普拉会怎么做?我崇拜奥普拉,因为她经历过贫穷、虐待、种族歧视、性别歧视和身体羞辱,但这些从未阻止她做自己,也从未阻止她追求对自己重要的事情。虽然我个人并不认识奥普拉,但她似乎总是用自己的金钱和权力对世界产生积极影响。所以,当我面临艰难选择时,我就会想,WWOD?你自己也可以想想,你的J或O会是谁,然后填入空白:WW_D?

对于那些可能很难轻易将崇拜之人视为榜样的人来说,你也可以试试WW_S:(你崇拜的人)会怎么说——有时候,来自你崇拜的人的鼓励也能带来很大的帮助。

WWOD和WWOS这两个策略都帮助我做出了一个重要的职业决定。2020年底,我有机会做一次TED演讲。对我来说,这简直是梦想成真。但疫情期间我胖了很多,而且正如我之前提到的,我的体重一直是我的敏感点。我害怕自己在YouTube上留下这样的形象。我觉得自己像个冒牌货,因为我都搞不定自己,又有什么资格给别人建议呢?那一刻,我问自己,奥普拉会怎么做?我知道奥普拉会去演讲。她公开与体重做斗争,但从未因此停下脚步。我还问自己,奥普拉会怎么说?我想象她会说:"吉尔,你拥有的远不止你的身体。你有使命、有信息要分享。如果你分享的这些信息能帮助哪怕一个人,你就得走出去,去做这件事。你的体重无关紧要。"于是我完成了演讲。说实话,我在看自己的演讲视频时觉得很难受。但我从未后悔做过这次演讲,哪怕一秒。我真的很自豪,我让我的价值观做出了这个选择,而不是我对自己身体一生的执念。

你的指引者会怎么做/怎么说？

谁是你的WW_D [What Would（某人）Do] 或WW_S[What Would（某人）Say]？选择一个你认识的人（亲戚、老师、教练、朋友）或者你觉得自己很了解的人（名人、虚构角色）。当你感觉自己像个冒牌货，生出一些自我挫败的想法或者产生一些会阻碍你前进的情绪时，这位指引者会怎么做或怎么说，来体现你的价值观呢？

姓名：_____

行动/要义：_____

_____

姓名：_____

行动/要义：_____

_____

姓名：_____

行动/要义：_____

_____

价值观是你在每一个当下所选择的视为重要的东西。当你过着有意义的生活时，价值观就是你生活的方式。它们是行动以及行动所体现的品质。因此，价值观关乎选择和过程，而非结果。实际上，学会对结果保持淡然，是心理灵活性这一难题中的关键一环。

本章概要：需要了解的内容

- 价值观可分为三个层次：范畴；目标/行动；品质。
- 价值观是自由选择的、不断发展的，并具有引领性的。
- 价值观没有设限，也并非情绪，更无意于改善感受。
- 你选择优先考虑的价值观可能因情境而变化。
- 有意识、深思熟虑的选择是关键。

行动指南：可操作的练习

- 完成一个包含范畴、行动和品质的价值观三层锥。
- 撰写一个基于价值观的个人墓志铭或品牌标语。
- 想象你的葬礼：你希望你的亲人如何评价你选择的生活方式？
- 思量你最渴望成为的那个自己，并以此为榜样。
- 选择一个你敬佩的指引者，并思考如果他们面临类似的选择，会怎么做或怎么说（WW_D,WW_S）。

第六章
看淡结果

> 顶峰是我们的目标,但攀登才至关重要。
> ——康拉德·安克(Conrad Anker)

小时候,马歇尔·马瑟斯(Marshall Mathers)是一个有抱负的漫画艺术家,对讲故事充满热情。由单亲母亲抚养长大的他生活拮据,高中辍学后打了好几份工来帮忙负担家里的开销。当他叔叔送给他电影《霹雳舞》(Breakin')的原声带时,马歇尔发现了一种新的讲故事的形式:说唱音乐。在有限的空闲时间里,他开始参加即兴说唱对决和开放麦比赛。不久,一位名叫埃米纳姆(Eminem)的艺术家诞生了。作为底特律嘻哈界唯一的欧洲裔说唱歌手,埃米纳姆努力融入其中。他的第一张专辑从商业角度看失败了,评论家建议他从嘻哈转向摇滚。早期在嘻哈界不被接受的挣扎,加上贫困、药物滥用和抑郁症,一度威胁到他的创作和职业生涯。但埃米纳姆并没有因为未获得自己想要的结果而放弃,反而加倍专注于音乐。他写出了引起热议的歌词,围绕贫困和精神疾病等严肃主题表达情感。25岁,在他踏入说唱界九年之后,埃米纳姆在说唱界的"奥运会"中获得了第二名。他被唱片公司高管吉米·艾奥文(Jimmy Iovine)和音乐制作人德瑞

（Dre）博士发掘。尽管德瑞博士因为签下一位欧洲裔说唱歌手而受到同事的批评，但他和艾奥文还是将埃米纳姆推向了嘻哈巨星的地位，使他成为有史以来最畅销的音乐艺术家之一，并在此过程中赢得了同行的尊重。

2022年11月5日，埃米纳姆入选摇滚名人堂。德瑞博士在介绍他时说："事实证明，这位来自底特律、长着蓝眼睛、不起眼的欧洲裔小伙子，从屡遭拒绝到彻底颠覆了我们对嘻哈的认知，迫使我们面对自己的偏见，不仅发展了嘻哈这一流派，也让我们所有人都与之共同成长。"

也许，埃米纳姆是个非常规案例。他确实引起了不少争议。但他是一个极好的例子，展示了一个人如何在感觉可能不属于自己（并且被明确告知不属于自己）的领域中屡败屡战，坚持不懈地实现自己的目标——我猜想，在那里可能存在着冒充者念头（在他入选摇滚名人堂的演讲中，他说："可能，我今晚本不应该站在这里"）。他曾经一贫如洗、默默无闻，后来却一飞冲天、名利双收。但回看过去，埃米纳姆挣扎了近十年。那些在经历了多年的失败和"你不属于这里"的信号后仍然坚持的人，和那些放弃的人之间有什么区别？我个人并不认识埃米纳姆，但我敢打赌，在那段时间里，他有一个超越目标的初心。他是一位艺术家和创作者，热爱表演，有自己的价值观要分享。我猜想，如果马歇尔·马瑟斯从未成为获得格莱美奖、艾美奖和奥斯卡奖的埃米纳姆，他仍然会写韵文，参加说唱对决。他仍然会渴望成功吗？唱片卖得好和赢得同行的尊重仍然是他的目标吗？毫无疑问。即使永远无法实现这些目标，他也会继续前行。

重新定义成功

如果马歇尔·马瑟斯没有成为著名的埃米纳姆,我们还会认为他成功吗?在许多文化中,成功的定义只关乎目标的实现。想想那些你认为成功的人。再想想,在你看来,是什么让他们成功。很可能,这些人都是实现了特定的崇高目标的人。然而,这种对成功的看法存在一个问题,那就是它的反面:未达到既定目标就意味着一个人是失败者。哎呀,出问题了。

我在这里想要大胆地说出来,我们的这种看法完全错了。因为问题在于:目标往往是很大程度上不受我们控制的结果。当我想到我写这本书的最大目标时,那就是登上《纽约时报》畅销书排行榜。所以,如果这本书没能上榜,那我是不是就失败了?如果我做得尽善尽美、拼尽全力,写出了一本好书,是不是依然有可能上不了《纽约时报》畅销书排行榜呢?当然是这样。每年只有不到500本书能登上这个赫赫有名的榜单——这还不到已出版书籍的1%。那这是否意味着其余超过99%的书都是垃圾,连带它们的作者也是如此?这是否意味着我们不是真正的作家?当然不是。我可以做出很多选择,采取很多措施,来提高我的书登上这一榜单的可能性,但最终能否实现并不是完全由我决定的。

过度关注目标是否实现,并以此作为衡量成功的唯一标准,是非常有问题的。

让我们思考一下。如果我让你列出2个或3个个人或职业目标,你会怎么写?

1. _____
2. _____
3. _____

重新审视一下这些目标，你确定自己能百分之百完成它们吗？让我来给你举几个大目标的例子，你就会发现这些目标的达成并不完全取决于你自己。

1. 获得晋升或工作
2. 获得10 000名粉丝、1 000个赞、100万次下载、5 000名订阅者
3. 找到经纪人、出版作品、获得角色
4. 找到伴侣或配偶
5. 赚到100万美元
6. 找到并买到理想的房子
7. 担任政治职务或成为组织理事会成员或官员
8. 取得全优成绩
9. 被特定的女生联谊会、男生联谊会、大学或研究生院录取
10. 获得诺贝尔奖、普利策奖或其他任何奖项

这下明白了吗？你可以采取很多措施来提高实现这类目标的可能性，但决定这些成果能否真正实现的是许多外部因素。可能社交媒体算法对你不怎么有利；可能你住在一个与你的政治倾向相反的选区；可能你缺乏你的竞争对手所拥有的资源。潜在的外部障碍无处不在。如果你遇到这些障碍，参选政治或组织职位却落败，你会就此放弃吗？还是会像埃米纳姆那样继续说唱，一路

向前？如果你的目标不是锁定某些结果，而是指向对你重要的范畴中的行动和品质，那会怎样？这个过程熟悉吗？与最终的结果不同，过程中的目标选择是我们有能力影响的。我们可以从上述十个目标中任选其一，并创建一个价值观三层锥。图6-1是一个例子，来替换第7个目标：担任政治职务或成为组织理事会成员或官员。

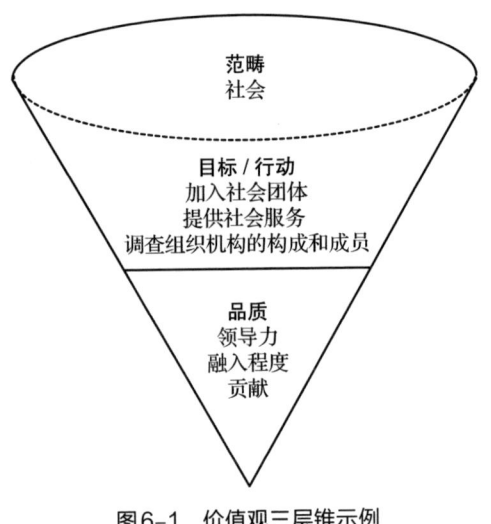

范畴
社会

目标/行动
加入社会团体
提供社会服务
调查组织机构的构成和成员

品质
领导力
融入程度
贡献

图6-1 价值观三层锥示例

在这个例子中，如果一个人选举失利，他仍然可以在自己重视的范畴中选择有价值的行动和品质，比如继续以慈善的方式为社会做出贡献。我们能掌控的是行动和品质，而非结果。

想想你自己设定的一个目标，它是否围绕着一个无法控制的结果而构建。你能重新调整它，使其匹配你的价值观三层锥吗？

```
        范畴
      目标/行动
        品质
```

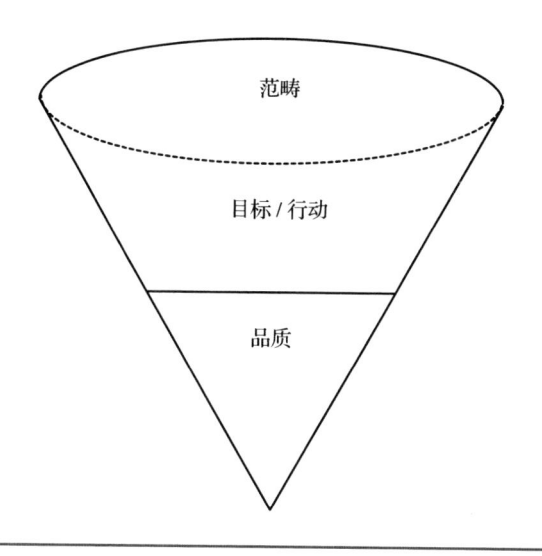

> 我们需要重新定义成功，不将其视为结果导向型目标的达成，而将其看作无论结果如何，都能一贯地选择有价值的行动。

换句话说，即便你求职失败，升职无望，没有粉丝量，没有经纪人，赚不到钱或成绩不佳，你依然可以选择挺身而出，全力以赴，因为你清楚自己为何而战。这并不意味着你不会感到失望、沮丧、灰心，或其他任何有关悲伤的形容词所能描述的情绪。但是，牢记你的初心，并主动选择成为你想要成为的那种人——也许是一个在失败中坚持不懈的人，一个选择勇敢和乐意尝试的人，一个致力于终身学习和技能提升的人——这会给你的生活带来更大的意义感和活力。同时，这也会让你更有可能实现期望的结果。放弃梦想，倒是一条永远无法实现梦想的明路。

塑造身份，坚定决心

在畅销书《原子习惯》（*Atomic Habits*）中，詹姆斯·克利尔（James Clear）区分了结果、过程（我们采取的行动）和身份认同。他建议培养基于身份认同的习惯，而不是基于结果的习惯，这意味着我们要关注自己希望成为什么样的人，而不是关注自己希望取得什么样的成就（这听起来是不是很耳熟）。所以，你拒绝喝酒不是因为你"正在努力少喝酒"，而是因为你"本就不喝酒"。克利尔指出："内在动机的终极形式是习惯成为你身份认同的一部分……你对自己的某个身份特征越自豪，你就越有动力去保持与之相关的习惯[1]。"埃米纳姆是一名说唱歌手，我是一名作家。那么，你呢？

我跟畅销书作者伊芙·罗德斯基（Eve Rodsky）聊过。她的两部作品是《公平游戏》和《寻找你的独角兽空间》。她告诉我，面对不确定性和冒名顶替感，最好的克服的方法是记住罗莎·帕克斯（Rosa Parks）的名言："一旦下定决心，恐惧就会减少。"伊芙将准备工作、科学、数据和自己的个人经历结合起来，去坚定自己的决心。对伊芙来说，坚定决心而不是死死地盯着想要的结果，让她"更容易去做那件事，并且即使所有人都告诉你它没有价值，你也知道它有价值"。这也能帮助她"克服被拒绝的恐惧"。

有时一味追求目标会适得其反

正如未能实现结果导向的目标会让你停滞不前一样，达成既定目标也可能产生同样的效果。想一想，若你真的得到了那份心仪的工作或赢得了选举，会发生什么。明确你的动因（或你的身份，或坚定你的决心）仍然需要摆在首位，这样，从待办事

第六章 看淡结果

项中勾掉那个目标并不意味着你就此止步。艾利特·菲什巴赫（Ayelet Fishbach）在她的《内生动力》（*Get it Done*）一书中引用了一项研究，发现人们一旦实现了他们的目标就会止步不前，直到他们有了新的目标。例如，一个设定了完成26.2英里目标的马拉松跑者，在下一个马拉松赛事遥遥无期时（即使那个日子还在一年或更久之后），会放松自己的训练计划[2]。如果你跑步仅仅是出于对你非常重要的价值观——例如保持健康、迎接挑战、重在参与、贵在坚持、熟能生巧——而不是时不时地去达成一个与结果挂钩的跑步目标，那么乍一看似乎有点不思进取。

几年前，我定下目标要跑完我的第一个5公里。我完成了从沙发到5公里的训练计划，并在母亲节那天参加了比赛。有了明确的目标，我训练起来更有动力。但我的第一个5公里也成了最后一个。我没有将目标与我的价值观联系起来。直到我意识到，为孩子树立健康生活的榜样对我来说有多重要——这才是我的价值观——我才成了一个坚持锻炼的人。最近，一位第一次见我的医生说我有"运动员体魄"，我笑出声来。我还没完全接受这个身份呢。作家这个身份我用了大约12年才接受。但现在我正在试着接受运动员这一身份，用来培养比设定严格的跑步目标更能持之以恒的好习惯。

那么，当你的目标达成却引发了冒名顶替感时，会发生什么呢？那种"天哪，我不敢相信我得到了这份工作，我是谁？我什么都不是，我是个冒牌货"的叙事，可能会吓得你放弃，或者过于进取来证明自己，从而把自己逼到筋疲力尽。如果你对结果看淡一些，同时紧守你的动机，你就能继续选择自己的行动和品质，成为最想成为的自己。

> **看淡结果**[3]
>
> 此刻，找一样你能拿在手里的东西，如一支笔或一管唇膏等。想一个你一直在努力追求的以结果为导向的目标。再想一想，你为了实现这个目标所投入的所有精力、注意力和努力。现在，用力握紧手中的物品，力度要大到能代表你为实现目标所付出的所有努力，并留意这种感觉。如果用一个从0~10的评分标准来衡量你握紧的力度，你会打几分？现在，放松手指，让握力减少大约50%（比如，如果你之前的握力是8分，现在就减到4分），并留意这种感觉。现在，尽可能轻地握住物品，别让它掉下来，再次留意这种感觉。有一样东西始终没有变——你仍然握着那个物品。那么，你该如何继续前行，采取行动提高实现目标的可能性，同时专注于你看重的品质，并更加淡然地看待结果呢？

面临各种可能性的选择时刻

我读研究生的时候，在一家治疗焦虑的诊所实习。有一次，一位管理人员因为我笑得太大声而训斥了我。我当时在后台办公室，来访者听不到我的声音，但她还是希望我小声点，所以我就照做了。几天后，这位管理人员又因为我笑得不够而训斥了我。我道歉了，并试着笑多一点，但同时又不能笑得太大声。我想融入其中，想被大家接受。尤其是想以这样的方式，避免被人揭穿自己是个冒牌货。诊所的文化是这样的：你请病假会有麻烦，带病工作也同样会有麻烦。我感觉自己怎么都摆不平了。我记得当时曾想，也许如果我被车撞了，撞得不太严重，不至于造成永久性损伤，但足以让我住院就好了，这样我就能休息一下，还不会有麻烦。

尽管那段经历很伤人，但转念一想，我觉得它是一份生命的礼物。它让我意识到，就像我们无法控制结果一样，我们也无法控制其他人——他们的想法、感受、期望或行为。我们唯一能控制的是，在每个当下，我们如何选择调整自己的身体，如何使用自己的声音。而每个当下都是一个选择时刻（POP）。如果你选择追随你的价值观而非舒适，那么可能会发生什么？你的生活会焕发出怎样的活力？

当我停止大笑开始微笑时，我并没有真的在做选择。我只是在努力成为我认为那位管理人员希望我成为的样子，这是在试图控制结果——让她喜欢我，赢得她的认可。

这是一种乏善可陈的旧模式。如果能重新来过，我会考虑，如果我选择以价值观为中心，可能会发生什么。我会问自己，在这个面临各种可能性的选择时刻，我最想成为怎样的自己？在这个情境下，我会选择将什么作为重要的事情，以此来激活我的生活？答案会围绕真实性展开。我会在感到快乐或愉悦，或者想与他人建立联结时选择微笑。如果我感到悲伤、恐惧或任何其他与微笑不一致的情绪，我就不会微笑。我会在觉得有趣时大笑。那么，我会为自己发声吗？我愿意相信，今天我会，但当时很可能不会，哪怕我考虑到自己的价值观。要知道，在当时的诊所环境里，我和那位管理人员之间有着明显的权力不平等关系，回顾过往，直接对抗那些有权评估我们表现的人未必能有好结果。但我不会因为害怕就听任自己的自动反应去闭嘴。我会选择在心中保留我的想法，这样也体现了确保安全和自我保护这两项价值观。

你的价值观并不会随着时间的推移而发生翻天覆地的变化。

然而，就像我们在第五章所说的，情境才是关键。你在一种情境或人际关系中所表现出来的品质，随着情境和关系的改变，也应该有所改变。例如，在绝大多数情况下，你可以在亲密关系中保持开放和真诚，然而，当人们一再拿你的脆弱来欺负你时，你就要选择保持严格的界限。重要的是，你要深思熟虑、反复斟酌你的选择，而不是无脑地套用一套僵化的条条框框式的价值观。

咨询价值观专家

价值观识别的过程是一个不断发展的探索与发现之旅。到了这个阶段，当提及某些行为、品质和情境时，你或许已经对当下应该如何展现自我有了更清晰的认识，同时又能淡然看待结果。然而，你也可能对如何将某些价值观付诸实践感到有些困惑。那么，我们迄今为止一直在做的阅读与写作是个很好的开始。但有价值的生活关键在于实践。如果你不确定如何将爱、专注、真诚、勇敢或其他任何价值观转化为实际行动，那么你可以像牙疼时去看牙医或报税时找会计师那样：咨询专家[4]。

选择一个你希望优先实践的价值观。再想想你认识的人中，有谁在出色地践行这一价值观。邀请他们进行访谈。关于践行这个价值观，你最好奇的是什么？准备一些问题，帮助你探索这一价值观在行为上的具体表现，从而发现适合自己、切实可行的行动方案。

以勇气这一价值观为例。你可以这样接近这个人："我非常钦佩你面对挑战的方式。我注意到你总是坦率地表达自己的观点，在职业生涯中也敢于大胆行动。对我来说，这就是勇气的最佳示范，也是我看重并希望在自己身上能有更多体现的。你愿意回答几个问题，分享一下你是如何做到这么出色的吗？"

你可以提出以下问题：

1. 对你来说，勇敢地生活意味着什么？
2. 你是如何将勇气付诸实践的？
3. 你一直都这么勇敢吗？如果不是，是什么让你开始重视这一价值观，你又是如何实现这种转变的？
4. 自从你开始勇敢地生活以来，你注意到自己、人际关系或职业生涯有哪些变化吗？你的生活发生了什么变化吗？
5. 你认为勇敢地生活会对他人产生什么影响？
6. 是什么阻碍了你选择勇敢地行动？当你遇到困难时，是什么帮助了你？

如果你不喜欢正式的访谈形式，也可以在喝咖啡或吃午饭时，以更随意的方式展开对话。无论以哪种方式对话，聊完之后，花些时间反思你所学到的东西。想想你为什么选择了这个人，以及你对这次交流的感受。你学到了什么，可以帮助你将所选价值观付诸实践？尽管你知道可能会遇到障碍，但你所选之人的智慧和经验是否鼓励了你继续前行？想想如果你致力于实践这一价值观，你的生活会有怎样的不同。

4P练习法

每一个当下都是一个"POP"，一个放下结果（或至少别太在意结果）并以价值观为中心来决定说什么或怎么做的机会。你可以将每个POP分解为四步（每一步的英文单词首字母都是P）。

暂停（Pause）：稍作停顿，意识到自己正处在一个POP之中——就是此刻！问问自己，我希望这一刻是为了什么：是实践我的价值观，还是逃避不适？通常而言，为了舒适而做出的选择最终会偏离价值观（尽管并非总是如此）。

选择（Pick）：现在做出选择——在这个情境下，你希望践行哪些价值观？在这一刻，你想成为怎样的自己？

坚持或调整（Persist or Pivot）：根据你选择的价值观，你是希望继续当前的行为，还是转而采取新的行动和/或更高质量的行动，以更好地践行你的价值观？

我们所拥有的只有当下。过去已成往事，未来尚未到来。哪怕你在阅读这一章的时候，也遇到了好几个当下，你可以选择成为你想成为的自己：你是匆匆浏览、做白日梦、一知半解，连书中练习都略过，还是全神贯注、全力以赴？这些选择没有对错之分，只是在每一个当下，根据价值观来做的暂停、选择、坚持或调整。

注意"moment"（当下）这个词。它的中间就是"me"（我）。我，位于这个当下的正中央，这是属于我的当下。当你面临各种可能性的选择时刻，你可以想象这个词，并问问自己：在这一刻，我最想成为怎样的自己？

属于我的当下

当然，拥有未来导向的目标并为之努力是完全没问题的。我并不是建议你完全抛弃这些目标。但我希望你将自己的目标与价值观联系起来——在追求目标的过程中，有意识地活在当下，对结果保持淡然，并在选择行动和品质时，围绕你想要成为的那个"我"而展开。价值观能激发内在动机，使追求某项活动本身就成为一种目的——它是我们想要去做的事，而不是不得不做的事。当我们在为达成目标所采取的行动中，更多地受到内在动机的驱动时，我们就更有可能坚持下去（即使没有得到我们想要的结果）[5]。这并不总是一件容易的事。通常，选择那些真正重要的事情会让人感觉更脆弱，风险也更高。对舒适区的渴望可能会阻碍我们的坚持。同样，听从内心严厉的批评也会如此。

本章概要：需要了解的内容

- 仅将目标达成作为衡量成功的唯一标准是有问题的，尤其是当目标指向特定结果时。
- 结果往往不在我们的掌控之中。
- 行动（我们如何行动，如何发声）则是我们可以控制的。
- 我们可以将成功重新定义为：无论结果如何，都始终如一地选择有价值的行动。
- 每一个当下都是一个选择时刻（POP）。利用"4P练习法"（暂停、选择、坚持或调整）来决定如何前行。

行动指南：可操作的练习

- 使用价值观三层锥来重塑你的以结果为导向的目标。
- 采访一位成功地践行了你希望体现的价值观的人。
- 在面临各种可能性的选择时刻，利用"4P练习法"来聚焦价值观。
- 选择在每一个属于我的当下成为我想要成为的那个"我"。

第七章
严苛的内在批评家

> 怎么会有人想在电影里再次看到我?
> 我根本就不会演戏,我为什么还要干这一行呢?
> ——梅丽尔·斯特里普(Meryl Streep),
> 有史以来获得奥斯卡提名奖最多的演员

当我的第二本书《勇往直前》出版时,我有幸多次作为嘉宾出现在播客和其他媒体平台上。其中一次,是我第二次登上我最爱的播客节目《心理学家闲暇时光》。在准备新书发布的过程中,我意识到,虽然当播客嘉宾是宣传书籍的有效手段,但成为播客主持人却有着更大的潜力。播客正迅速成为作者和其他专业人士建立平台、拓展市场影响力的热门方式。可是,除了曾作为某些播客的受访嘉宾和听众,我对播客一无所知。所以,在第二次参加POTC访谈后不久,我联系了节目联合主持人,向他们请教如何开始创办自己的播客。没想到,他们竟然邀请我成为POTC的常驻联合主持人。我简直不敢相信。不出所料,我心里出现了冒充者念头,内在批评家(Tnner Critic)也同样难以置信。天哪,我完全把他们骗过了。我根本不知道自己在做什么。我只是个粉丝,不是主持人。充其量也只是个嘉宾,但主持人?我听起来会很可笑。所有人都会发现我不称职，根本没资格和这些聪明、有名的人谈论他们的工作！我的大脑在超速运转。但它到底是打算破坏我的这次机会，还是怎么回事？

直面内在批评家

我们的头脑是批评大师。但与西斯克尔（Siskel）和埃伯特（Ebert）不同的是，他们至少有时会对电影竖起大拇指表示赞赏，而我们的内在批评家却倾向于消极偏见，频繁地在各种情境中寻找理由做出两个大拇指同时向下的手势，来表示反对。虽然似乎不必如此残酷，但内在批评家其实是为了帮助我们。别忘了，早期的人类共同狩猎、采集和迁徙，这样的团结一致才是人类的生存优势。我们没有鳞片或爪子来保护自己，我们依靠的是彼此。确保我们在族群中的地位是生死攸关的问题：我够格吗？我能提供价值吗？有个内心的声音在说"我不够好，我不属于这里"，这是为了让我们保持警惕，防止我们变得自满，在社区中失去立足之地。这种内心的批评机制似乎是我们经由进化继承下来的近乎普遍的人类经验。[1]

现在，暂停下来想一想那些让你烦恼的痛苦想法——那些长久以来一直存在、熟悉，让你感觉迫切且真实的想法。我敢打赌，你想的一定不是"我是否有过这样的想法"，而是"嗯，是哪一个？我有太多了！"。我在许多治疗会议和专业培训中都问过这个问题，至今还没遇到过没有这种来自内心的批评声音的人。这种声音似乎总是阻碍我们——也许你的内在批评家确实这么做了。但也许事实恰恰相反。也许我们的内在批评家是在试图保护我们，或者以某种方式帮助我们。

如果你问你的内在批评家："你希望我怎么样？如果你不再挑剔和批评我，你害怕发生什么？你想为我做些什么？"这个声音会怎么回答呢？以下是你的内在批评家可能会说的一些话，以及它以后是如何试图帮助你的。请在空白行中填入你自己的想法。

你还不够好	我是在帮你变得更好，这样可以保护你免遭失败
你的身材都走样了	我是在让你保持健康，这样可以保护你免遭疾病困扰、早亡担忧、外界评论和拒绝
你是个冒牌货	我是在助你成功，这样可以保护你免受羞辱

事实是这样的——如果几乎每个人都在和自己的内在批评家同行，那这就不可能是一种可以修复的病理。我相信你肯定想让那个内在批评家彻底闭嘴。我敢说，你甚至已经这么做了。我就试过，但没什么用。体会一下，当你与你的内在批评家争辩时会发生什么。当我试图说服自己，用各种方式证明自己足够好，不是个冒牌货时，我的脑子里就会冒出这样的声音——"是啊，但是……"，然后列举出一堆有力的证据来证明我其实不行。我们是在与这种内心声音共存的进化过程中成长起来的。我们不会想把变色龙的伪装撕掉（即使变色龙自己也觉得那很丑）。或许，也没必要让我们的内在批评家完全沉默。

思维抑制悖论

研究表明，试图改变或抑制思维往往会适得其反[2]。例如，在一项研究中，受试者被要求不要去想白熊。结果，不仅他们的努力没有成功，反而比那些被要求去想白熊的受试者更多地想到了白熊[3]。

你可以用自己的经历来验证这一科学结论。试试这样做：想象脑海中有一个红色的气球，并说五次"红色气球"。现在，尽你所能地不要去想红色气球。保持一分钟，注意会发生什么。现在，选择房间里任何一个物体，集中注意力在那个物体上，以此来抑制对红色气球的思考。再注意会发生什么。对我来说，当我的注意力集中在我的粉色台灯上时，一个红色气球就会伴随着奈娜（Nena）的《99个红气球》的旋律在它后面飘来飘去。而现在，我又想到了《小丑回魂》（It）里的潘尼怀斯（Pennywise），各种情绪交织在一起，因为无法抑制气球的念头而沮丧，因为脑海里有一首我不喜欢的歌而恼火，还因为史蒂芬·金（Stephen King）的杀手小丑而害怕。真是乱作一团！

思维抑制之所以无效，部分原因是每次你检查自己是否成功地摆脱了某个念头（见效了么？我没在想红色气球了吧？）这种行为本身会让那个念头浮现在脑海中。

《星际迷航：下一代》（Star Trek: The Next Generation）中的博格人有句威胁性口头禅"抵抗是无效的"，这些赛博外星人的话确实说中了某些道理。而这句话之所以被流行文化认可，是有原因的——我们都能理解，即使我们一生中从未看过一整集《星际迷航》（如果谁举手表示同意的话，她的老公一定会大为懊恼）。我们需要的是一种不同的方式。我们需要将批判性想法，包括冒名顶替综合征的想法在内，仅仅看作是想法本身——想法由声音、音节和图像构成——这样，我们可以选择让它们或多或少地对我们产生帮助。换句话说，我们的内在批评家并不是我们的问题。真正让我们陷入困境的是，我们针对这种内心声音所习得的惯性和心理上僵化的应对模式。

一位来访者曾把我们的思维比作上门推销员。这些咄咄逼人的推销员试图将他们的想法推销给我们。他们想利用紧迫感让我们买下他们卖的东西，而我们为了缓解这种紧迫感，也为了让施加高压的推销员闭嘴离开，就妥协了。但很多时候，一旦推销员走了，我们就想退回我们买的东西，结果为时已晚。在第八章中，我将教你如何与内心咄咄逼人的推销员建立一种新的关系，这个推销员试图让你"买进"你的冒充者念头和其他自我批评的想法——但首先，让我们深挖一下可能阻碍你的思维和行为模式。识别出这些模式是改变它们的关键第一步。

顽固的思维模式

人类脑海中每天会闪过6000多个念头[4]，其中负面的念头更容易抓住我们的注意力[5]。随着我们的成长，思维逐渐发展，成为我们理解经验的一种方式[6]。如果你小时候被父母忽视，你可能会形成"我不重要，那些本该照顾我的人不可信"这样的想法。这些想法在形成时会引导我们做出保护自己的行为。所以，也许你会变得极度自立，确保即使父母照顾不周，自己也能过得很好。这确实减少了受到伤害的风险。然而，成年后，你可能会继续对人际关系缺乏信任，不允许自己依赖他人。虽然这可能会让你感到安全和有掌控感，但最终，它会侵蚀你的人际关系，并可能导致崩溃和孤独。这种方法……直到失效之前都是有效的。更糟糕的是，当你的人际关系失败时，会强化"我不重要，那些本该照顾我的人不可信"的信念。

前斯坦福大学教务长朱莉·莱斯科特-海姆斯（Julie Lythcott-Haims）是四本书的作者，其中包括《纽约时报》畅销书《如何让孩子成年又成人》（*How to Raise an Adult*）和《在世界上找到你的位置》（*Your Turn*），她分享了自己作为一位20岁的非洲裔和混血大学生，生活在一个恐惧肥胖的文化中的经历[7]。朱莉咳嗽得厉害，于是预约了学生健康中心。在等待了尤其漫长的时间后，终于有一位医生进来看她，没有任何眼神交流，一开口就说："你意识到自己来斯坦福后体重增加了多少吗？"他似乎很震惊，口气也很愤怒。他把文件扔给她，训了她一顿，并命令她遵照1200卡路里这一标准饮食。任何关于咳嗽的问题，他都没问。事实上，是朱莉主动问他："那我的咳嗽呢？"他却不屑地回答："哦。我们会给你开些抗生素。"朱莉羞愧地冲出健康中心，掩面而泣。但是，她并没有任何与体重相关的健康问题。

这段经历让朱莉产生了这样的想法：那些本该提供关怀服务的服务者会羞辱像我这样的人。医生不可信，他们不会为像我这样的人提供安全或充足的关怀。为了避免再次受到威胁，她不再去看医生。当急需就医时，她会去急诊（她认为那里不会那么关注她的体重），或者等到体重明显下降后再去就医。基于她的信念，这样做是有道理的。这样一直很有效（给了她一种保护感），直到不再奏效（她长期拖延就医，即使痛苦异常）。

困于这些想法和经历，朱莉产生了回避行为，这严重影响了她的健康价值观。而且，这种回避行为所带来的后果，比她原本想要避免的问题还要严重。

通过回避看医生，朱莉想要回避的不仅是批评和羞辱，还有过去痛苦经历的回忆。但每当她出现需要就医的问题症状时，这些症状就会提醒她为什么选择不去看医生。换句话说，她越是避免去看医生，越可能更多地被最初那次的羞辱经历困扰（或者至少没能减轻这种困扰）。同时，她也因为避免常规医疗而将自己置于更大的风险之中。当朱莉不让自己去接受治疗时，她成功避免了一次羞耻经历，这进一步强化了她的信念：只有躲开医生，我才能好好的。而避免就医又一定会招致医生的批评，结果又进一步强化了她最初的信念：那些本该提供关怀服务的服务者会羞辱像我这样的人。医生不可信，他们不会为像我这样的人提供安全或充足的关怀。

现在，让我们来看另一个例子，一个针对冒名顶替综合征的例子（如图7-1所示）。

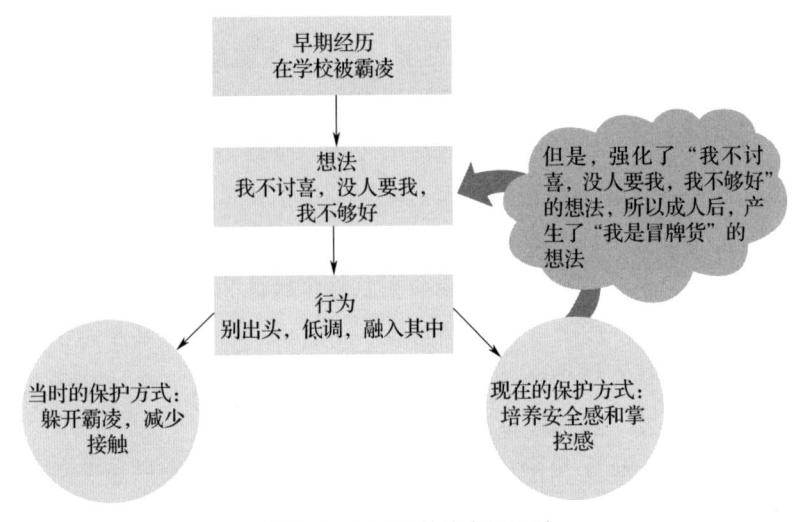

早期经历
在学校被霸凌

想法
我不讨喜，没人要我，我不够好

行为
别出头，低调，融入其中

当时的保护方式：
躲开霸凌，减少接触

但是，强化了"我不讨喜，没人要我，我不够好"的想法，所以成人后，产生了"我是冒牌货"的想法

现在的保护方式：
培养安全感和掌控感

图7-1　冒名顶替综合征示列

我们很容易陷入这些模式之中。那种安全与掌控的感觉令人难以抗拒。但代价是什么呢？你基于自己的人生经历，包括与冒名顶替综合征和边缘化相关的经历，形成了哪些想法和叙事？又因此产生了哪些保护性行为？它们过去是如何保护你的，现在又给你带来了怎样的安全感？它们又是如何让你陷入困境的？请在

图7-2中完成你自己的循环梳理。

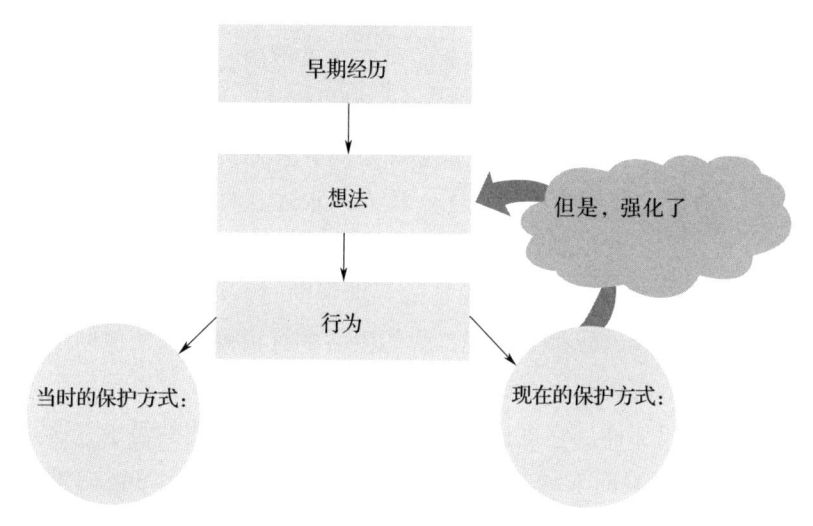

```
早期经历
  ↓
 想法  ← 但是，强化了
  ↓
 行为
 ↓        ↓
当时的保护方式：   现在的保护方式：
```

图7-2 冒名顶替综合征循环梳理

更深入地了解自己的思维和行为模式，能让你更清楚地认识到自己的"引爆点"和"炸弹"——那些可能带来安慰、解脱或安全感的触发因素和自动反应，但它们并不符合你的价值观。这种意识对于拆除"炸弹"至关重要，我们将在下一章详细讨论。

朱莉在医疗预约时仍然会感到焦虑，当她站上体重秤，脑海里仍会回响起1988年那位可怕的医生的话。但她已经不再让他人对自己身体的看法影响自己享受美好生活和获得应有的照护的权利。甚至，她更进一步，自愿加入非洲裔女性健康必要行动组织（一个重要的支持非洲裔女性和女孩健康的非营利组织）的董事会。朱莉是一个光辉的榜样，向我们展示了如何将旧有的心理僵化模式转变为更丰富的、充满价值取向的生活方式。

我的模式是独立且熟练地应对一切。我有一个总是让我失望的妈妈，她的爱是有条件的，取决于我的学业成绩。于是我形成了这样的想法：你不能指望别人，你必须凡事都自己做好。我像个八爪鱼一样，独立且熟练地应对所有事情的行为，帮助我避免了母亲的失望和批评，甚至促成了我的成功。这一度很有效……直到失效为止。最终，我独自应对太多事情（或者说多达27件左右），结果它们最终都崩溃了。没人能永远独自应对生活中的一切。如今，我意识到自己在寻求他人帮助时仍然很纠结，但我的确需要帮助。有时候，当我真的寻求帮助时，却又遭遇了失望。但大多数时候，我都会发现，我的生活中有很棒的人，他们乐于支持我。每次我冒险一试，过往的经历都会告诉我，不是每个人都像我妈妈那样。它也让我看清谁更有可能满足我的需求，这是只有通过经验而非语言（假设、预测、判断）才能习得的重要信息。

你现在已经读完了这本书的一半左右。希望你对冒名顶替综合征、价值观以及不适合你的模式有了更好的理解。在剩下的章节中，你将学会管理那些阻碍你度过有价值的生活的想法和感受，这样你就能更好地主动让自己过上充实的生活。是时候放下那些对你没什么好处，又没那么有趣的程式化反应了。

那些让我们烦恼，熟悉且强烈的想法，无论我们怎么努力，往往都不会随着时间的推移而改变太多。与生俱来的基于进化的心理机制让我们在理解这个世界时更专注于负面信息[8]。但我们可以识别出哪些想法会导致不切实际的行为模式，并选择以不同的方式应对它们。有时，倾听你的想法是与价值观相符的选择，有时则不是。记住，这本书的首要目标是建立心理灵活性——这就意味着改变我们与自我批评的冒充者思维之间的关系，同时还能知道何时倾听是有益的，何时不是，以及该如何应对。

第七章　严苛的内在批评家

本章概要：需要了解的内容

- 自我批评的想法，包括冒充者思维，是人类正常的心理现象。
- 你的内在批评家其实是在帮助并保护你。
- 试图控制或压抑想法往往会适得其反，反而让这些想法更强烈。
- 自我保护行为在某些时候是有效的，但并非总是如此。

行动指南：可操作的练习

在日记本、电脑或书页空白处，记下以下内容。

- 你的自我批评想法是如何试图帮助或保护你的。
- 你的体验模式、思维模式和行为模式（以此来理解哪些模式曾经对你有帮助，但现在已不再适用）。

第八章
选择何时倾听（以及如何屏蔽）

> 总会有人批评你，唱衰你，
> 告诉你做不到……但正是他们激励你向上攀登，
> 挑战自我，证明他们是错的。
> ——何塞·安德烈斯（José Andrés）

在我的心理学职业生涯的早期，我在一家医疗机构担任治疗师，那里重视研究人员甚于临床医生。临床医生负责照顾病人，而研究人员则能为机构带来研究资助。当时，我感到自己在超负荷工作，没人赏识且毫无动力。一个朋友察觉到我的处境，想帮助我，于是告诉我本地一个心理学博士项目正在招聘教员。这个职位需要我身兼数职：教师、研究员、导师和临床医生。我每周有四天在大学工作，还有一天在私人诊所工作，这样，理论联系实际也有助于我的教学。这不是一个传统的学术环境。这里鼓励研究，并会为新入职的教职员工提供小额启动资金来建立实验室，但与传统博士项目不同的是，这里的薪水是固定的（即有保障的），并不依赖于研究资助。当我面试这个职位时，发生了三件事。首先，就在我开始做工作报告（向系里口头介绍我的工作）之前，教职员工们微笑着走进房间，相互聊天，拥抱问候。

第八章 选择何时倾听（以及如何屏蔽）

这是我在传统学术界从未见过的场景。其次，我的准老板（一位纽约洋基队的球迷）告诉我，我没有被录用的唯一原因只可能是，我竟然是红袜队的球迷。他知道我来自波士顿，还就此跟我开起了玩笑。我很喜欢他。最后，一位教员知道我正在面试另一个职位，就开玩笑说"我们的项目比他们的好"，而另一位精神分析学派的同事，知道我是行为主义者后，也开玩笑地回应他："我们这里不会沦落到使用那些原始的防御机制。"然后还对我眨了眨眼。那时我知道，所有的观点在这里都会被接纳。

一旦我收到了录用通知，接受这份工作应该是义无反顾的，对吧？我能在多个工作角色中切换，作为临床医生也会受到重视，还能与一群彼此响应、幽默风趣且乐于接受新事物的人一起工作。我试着这样告诉自己，但我的内心却有这样的声音：你研究做得那么差，怎么指导学生做研究项目？统计学？你要帮学生搞统计学？真是个笑话。你觉得你能装多久？你能撑过一个学期就算走运了。

让事情变得更复杂的是，我是在传统的学术环境中获得博士学位的人。在我的项目中，我们曾经被引导相信，像我申请工作的那种大学（在心理学领域被称为专业学院）是次等的，当然这是不对的。我为自己受到的教育感到无比幸运——教职员工们顶住压力，给了我所在那一届仅有的十二个名额之一，虽然我不觉得自己配得上这个机会。但是，我的内心对此也有一些其他的声音。你怎么能考虑转到这样上不了台面的地方呢？你会让所有以前的导师失望，让他们后悔曾经给你机会。你的名声会一落千丈。

我面临着一个艰难的抉择。我可以跟随自己的直觉、智慧和价值观，它们都在告诉我这是最完美的适合我的工作。或者，我可以听从内在批评家的声音和冒充者念头，继续留在医院的工作岗位上。这听起来可能还挺容易，但内在批评家和冒充者思维——那些试图保护我免受失败、羞辱和拒绝的思维方式——带来了恐惧、不确定性和自我怀疑。直面这些感受、承担风险、坚持内心，同时放弃一份完全稳定的薪水，这感觉就像是一场巨大的冒险。

做出带来改变的重大决定，总是让人感到有风险。结果怎样，我们无从知晓。因此，想法和感受往往会成为前进道路上的障碍，这也不难理解。

到这时，我已经学习、教授并培养了大约8年的心理灵活性。我利用自己所学和所教的方法，认真、好奇又冷静地观察着自己那些毫无益处的想法。我意识到，这些想法其实是在保护我，让我避免犯错。我接纳了恐惧、怀疑和不确定性的存在，对结果保持淡然。同时，我密切关注着自己的价值观——那是我在职业生涯中最想成为的自己。我不想仅仅为了逃避因可能让前项目主任失望而产生的内疚感，就继续留在一份完全没有动力的工作中。我也不想因为感觉自己像个冒牌货，就放弃一个令人兴奋的成长机会。我热爱教学，还曾经因此获得过奖项。我渴望再次拥抱那份热忱。

在POP研讨会上，我满怀热忱、勇气和意愿，并努力提升技能（虽然我确实需要复习一下统计学知识，但我的不足远没有我脑海中那个霸凌的声音想让我相信的那么严重），我选择忠于自己和自己的价值观，忽略内在批评家的声音：我接受了这个职位。而且我非常喜欢这个工作。第二年，我甚至获得了杰出教师奖。当我最终向我的前博导坦白，我选了一个"上不了台面"的学院时,他既为我感到高兴又激动。他还记得我之前获得的教学奖项,以及我作为临床医生的技能。事实证明,我从未想让任何人误以为我是那种传统的学术型人才。谢天谢地,我没有让这些想法或是任何其他困难的想法和感受,替我做出决定。

与冒充者思维重建关系

思维和感受之间存在着双向关系。如果你的上司要求开会,而你心想"哦,糟了,我肯定要被炒鱿鱼了",那么你很可能会感到恐惧或焦虑(当然,如果你讨厌这份工作,也可能会充满希望和喜悦——祈祷能拿到一笔遣散费!)。如果你感到焦虑,并且遇到一种含糊不清的说法,你更可能会将其解读为具有威胁性,而非客观中立[1]。换句话说,思维与感受相互影响,且两者都会影响我们的行为……当然,如果我们想让它们影响。

过去50年来,关于思维和心理健康的主流心理学理论一直认为,由于我们的思维方式会影响我们的感受,因此想要改变感受,我们必须改变思维方式。一些研究为这一观点提供了一定的支持[2]。如果你回顾自己的个人经历,也会发现这一点确实有帮助。例如,想想你曾经不得不忍受的一次极其无聊的会议或强制性的人事培训。当时你脑海里想的全是这些:这完全没用。真是浪费时间。什么时候才能结束?他们为什么要让我坐在这里听这个?在这个点上还要啰嗦多久?等等。你当时的感受如何?可能很无聊、烦躁、沮丧和不耐烦。我们很容易把责任归咎于培训本身,但实际上,客观情况并不会直接引发感受。我们对客观情况的看法才会引发感受。这一逻辑可以表述为:

> A（前因：触发事件）
> ↓
> B（信念：你对A的看法）
> ↓
> C（结果：你因此产生的感受）

在某些情况下，我们可以加上D［质疑（Dispute）：B步骤的回溯，即你对A新的看法］。然后当我们E［评估（Evaluate）：C步骤的回溯，即结果是否已改变］时，就会发现改变认知视角是有益的。所以，如果我们不是想"这个浪费时间的糟糕培训什么时候才能结束"，而是想"这不是世界末日。从大局来看，这不算太长时间，而且生气也不会让时间过得更快，很快就结束了"，那么尽管我们可能不会突然感到快乐，但可能会觉得没那么无聊、烦躁、沮丧和不耐烦了。我们也更有可能从培训中获益。

但是，当我们将这种策略应用于那些不太容易质疑的思维时，就会出现问题。我们在上一章中讨论过"我不够好"这种思维的进化起源，以及思维抑制（"不要去想红色气球"的例子）的悖论性影响。努力地不去想一些痛苦的事情，不仅不起作用，还可能适得其反，会增加那些思维出现的频率、强度和持续时间。同样，试图通过说服自己和否定真实性来改变根深蒂固的思维，也可能事与愿违。

我的朋友兼同事布莱恩（Brian）是一位成功的青年心理学家。他拥有博士学位，在一家蓬勃发展的诊所工作，写书，主持播客，主持专业委员会的工作，主动帮助他人，并被认为是新兴的迷幻疗法（psychedelic psychotherapy）领域的专家。他还是个超棒的吉他手。当布莱恩努力改变他长久以来的"我不够好"的思维时,就会发生以下情况。

想法	产生适得其反效果的辩驳
我不够好。	不,你不是这样的!你做得非常棒:你有一帮很棒的朋友和家人,有一份很好的工作,而且你工作非常努力!
是啊,但我觉得我只是走运而已。我觉得我并不配拥有这些。	你怎么能这么说呢?你工作勤奋,主动腾出大量时间去帮助他人,而且你是一个如此体贴、有爱心的人。
我可能挺体贴的,但我浪费了太多时间瞎混,没有全力以赴。我本来有更大的潜力,但我搞砸了。我本质上就是个令人失望的人。	但看看你现在的成就:你拥有博士学位和一份成功的工作,你在写书,有自己的播客,正在你的领域里逐渐站稳脚跟。
我之所以能取得那些成就,只是因为它们对我来说轻而易举。我本该更努力。	你花了9年时间读研究生,2年时间做博士后,为了学习和深造牺牲了稳定的收入。你是如此自律!
没错。我本应该比现在走得更远。我就是个笑话。	哎呀,我放弃了,我说服不了你了,你就是太差了,行了不?

布莱恩可以就这么一直想下去,或者更准确地说,他的思绪可以一直连绵不绝。从进化论的角度来看,这些想法是为了让布莱恩保持警惕,激励他不断努力、变得更好,以免落后了,被群体淘汰。这些可不是关于无聊训练的肤浅想法(相比后者,前者更容易引发争议)。

我猜你的脑回路也是一样的。不妨对照你自己的想法看看。有多少次你拼命说服自己摆脱那些你知道对自己毫无益处的念头?如果质疑一个想法能更有效地使你去追求价值驱动的行为（即这个想法是"可行的"），那太好了！我在堵车的时候就会用质疑的方法来让自己感觉好点。但更深层次的"我是＿＿＿"这个想法，似乎就不太一样了。再说一次，如果你能说服自己是个摇滚明星，并且这能让你勇敢地朝着自己关注的方向前进，那祝你一路顺风！但如果你像布莱恩和我一样，这一招行不通，那么你可以学习本章提供的另一种方法。在这里，你不必再费尽心思去改变思考的内容，而是要学会改变你与思考之间的关系。这样做将增强你的心理灵活性，防止思维方式成为你践行价值观的障碍。

你有权选择是否倾听

我们很少深入思考自己的思考过程。想法产生，我们便自然而然地倾听。你的大脑说"明天电费要到期了"，于是你去缴费。你又想起来"现在来点背景音乐就太好了"，你便播放起你最爱的艺术家的歌曲。这一切仿佛是自动生成的，就像一条认知捷径——无需在账单和歌曲上浪费精力、犹豫不决。但当你想"这太无聊了，我现在不想做，以后再做吧"时，拖延就自动开始。又或者你的大脑在说"公司聚会没意思"，于是你就不去了，同样的自动过程也在发生。如果按时完成任务（不拖延）和与同事保持更紧密的联系（参加公司聚会）对你来说很重要，那么这些反应就变得不可行，或与你的价值观相悖。当你倾听自己的想法，却不考虑这样做会让你接近还是远离自己的价值观时，你就会变得心理僵化。

对此，有一个相对简单（尽管并不容易）的解决办法：选择是否倾听自己的想法。要做到这一点，你首先必须意识到自己的思考过程——成为一个主动的观察者。就像观看体育赛事的观众一样。你站在场边或者坐在看台上——好吧,这是个想象练习,所以不妨把自己想象成和碧昂丝一起坐在豪华包厢里。无论你从哪里观看,你只是在观看。你密切关注比赛,好奇有关比赛的一切,但是你与比赛本身是分离的。你关心比赛的结果,你甚至可能为"价值观队"加油,或者对"冒充者队"喝倒彩,但你也只不过是从远处观看,并不能下场参与。

这就变成了一个"选择时刻"。还记得第六章中的4P练习法吗?**暂停**、**选择**、**坚持**或**调整**?在这里,要加以补充。你已经学会了注意到自己处于一个选择时刻,并问自己选择是为了什么(是为了向价值观前行还是为了摆脱不适)。现在,你处于**暂停阶段**,你也在审视自己的想法。当你在**选择阶段**时,你问自己:"我此刻的价值观是什么?如果我听从内心的声音,这会让我接近还是远离这些价值观?"然后,如果你的行为是可行的(与价值观一致),你就**坚持下去**;如果不可行(与价值观不一致),你就**做出调整**。当你的大脑告诉你明天电费要到期了,而你还在关心炉子能否正常使用,以便给自己或家人做饭时,你会想要倾听这个想法,并**坚持**完成缴费。当你心里觉得公司聚会没意思,但成为一个积极、投入的同事对你来说很重要时,那么无论你心里有怎样的声音,你还是会**调整选择**,去参加聚会。

有时这会变得复杂,而冒充者思维就是最好的例子。假设你想申请研究生、寻求学术晋升或找一份新工作。当你的大脑告诉你不够格时,你应该听吗?你可能以为我会说:"绝不!要活出真我,别畏首畏尾!"但事实要微妙得多。让我们用4P练习法来剖析这个想法。

暂停(Pause):深吸一口气,慢下来,注意到这个内心叙事：我不够格。我凭什么认为自己能申请这个？

选择（Pick）：在这个情境下，你的价值观是什么？也许是勇气、有意愿（去冒险、变得脆弱、感受恐惧和自我怀疑）和大胆。但也许还有自知之明、诚实和谦逊。

坚持或调整（Persist or Pivot）：把这些价值观放在首位，诚实地面对自己的真实资质，以及它们如何与职位描述相匹配，同时愿意勇敢地承担被拒绝的风险，那么你应该坚持申请，还是转而去获取更多知识或经验？

我们渴望答案的确定性，但生活不会如此简单。这可能会让人感到沮丧，但让我们用心理学家玛莎·莱恩汉（Marsha Linehan）所定义的"智慧心智"（Wise Mind）[3]来给你一点希望。

智慧心智

莱恩汉创立了辩证行为疗法（dialectical behavior therapy），这是一种有实证支持的治疗方法，旨在帮助那些被强烈情绪困扰的人。根据莱恩汉的理论，我们有三种主要的心智状态：感性心智、理性心智和智慧心智（如图8-1所示）。我们大脑中的"感性部分"（比喻而言，非解剖学意义上的部分）负责我们的创造力和爱、兴奋、伤心、嫉妒等感受。然而，处于感性心智状态时，意味着逻辑思考已被情绪主导。此时，制订计划变得困难，数据也可能因情绪化的视角而被误解。我们大脑中的理性部分负责规划、安排日程、支付账单和处理事实。但理性心智状态指的是一种过度分析或智力化的心智状态，情绪被忽视。完全处于感性心智或理性心智状态都是有代价的。然而，智慧心智处于感性心智和理性心智的交汇处。

第八章 选择何时倾听（以及如何屏蔽）

图8-1 三种心智状态

智慧心智将理性心智的逻辑和事实与感性心智的感受相结合，创造出一个直觉认知的空间。当你既考虑了利弊（理性心智），又关注了自己的感受（感性心智），从而得出一个基于理性又发自内心的行动方向时，那种感觉就是智慧心智在起作用。当你不确定是该坚持还是该转变方向时，智慧心智可以指引你。智慧心智并不容易达到，也没有魔法能让你立刻进入这种状态。但那些你明确地知道该做"正确"事情的时刻，会帮助你了解"智慧心智"。在那些时刻，你可能仍然感到不确定（因为任何决策的结果在决策时都是未知的），但你内心有一种平静而坚定的感觉，你知道你正在做出明智的选择。

对我来说，找到智慧心智通常意味着先慢慢地、有意识地呼吸，然后问自己以下几个问题。

- "如果我不感到焦虑或担忧，我会怎么选择？"
- "如果我不怕结果，我会怎么做？"
- "如果没人知道我在做这件事，我还会做吗？"（这个问题关乎动机——我是只想要给人留下印象，还是说这对我来说真的是内心深处正确的选择？）
- "如果我敬佩的人现在正在看着我，我会坚持还是转变方向？"（这和印象管理无关，只是对我所选择的行为负责。）
- "如果我在这里对自己完全诚实，什么感觉才是真正对的？"
- "即使有可能搞砸一切，现在这感觉仍然像是正确的选择吗？"

当你处于选择时刻，并且已经明确了自己的价值观时，试着呼叫你的智慧心智，让它帮助你明确是该坚持还是该转变方向。

识别"差距陷阱"

曾有一位来访者来找我，希望我能帮助她减肥（唉，这多讽刺）。她聪明、善良、有趣、志向远大，是位特别棒的母亲。然而，她却感觉自己陷入了人生困境。生活上，她离婚了，想要重新开始约会；工作上，她感到停滞不前，渴望能在专业上有所精进。她已经做好准备，也愿意努力，但她认为，只有自己瘦下去，她才能在这两件事上取得成功。她已经落入了差距陷阱（gap trap）。她脑海中的叙事是这样的：等我减掉50磅⊖，我就开始编辑我的网络约会资料。等我能穿10码的衣服，我就开始找工作。不知道她从哪里得知了这些看似确凿的冷冰冰的数据，认定体重较重的女性在相亲和就业市场上会受到歧视。因为这个叙事如此有说服力，于是她听进去了，一心想着减肥成功，而不是去约会和找新工作。由于她感知到自我价值和自信之间的差距，她被困在了生活的原地。这对她来说并不是最近才有的困扰，而且

⊖ 1磅≈0.45千克。

已经持续了较长时间。实际上,她已经被这些想法困扰了17年。近20年来,她一直把自己的梦想搁置在一旁。她的研究数据确实没错,体重较重的女性确实会受到歧视——然而她们也都有自己的工作和爱人。她知道这一点,却还是长时间陷在自己的叙事里,害怕被拒绝,因此她的生活停滞不前。当然,我们一起努力的重点根本不是减肥,而是无论什么体型,都能追求内心丰富而有意义的生活,同时为了健康,做出基于价值观的选择。

想想你自己的差距陷阱。在你基于价值观做出选择之前,你是否想着最好什么能多些,又或者什么能少些?对我的来访者来说,她希望少些体重,多些自信。对于冒充者来说,常常是还需要多上一门课、多拿一个学位、多换一份工作——总之就是,各种形式的知识、经验或专长上的增加(特别是如果你属于"专家型"冒充者),你告诉自己这些是你首先需要的。如果你曾被边缘化,那么你就更有可能陷入差距陷阱。当主流文化中掌握话语权的主要是WHMP时,就会触发那些"我不够好"的心理叙事。当然,你无法改变自己的种族、性取向、性别认同、残疾状况或出身背景。因此,你可能会想以某种方式去补偿:要做到足够好,就得比别人好两倍。于是,你选择等待,等到自己做得足够好。当我有机会拿到教员的职位时,我一直等到我上了一门统计学复习课程,才敢去接受这个职位。我差点儿就一直困在那份吃力不讨好的工作中,因为我总以为自己在专业知识上存在差距。

缩小差距

陷阱产生的部分原因在于,你认为自己必须先缩小差距才能开始行动。但当你处于选择时刻并停下来注意自己的想法时,你会发现，听从这类心理解读，如"等我……，我就……"，并不会带来可行性和心理灵活性。17年后，或任何一段等待时间之后，我们似乎需要一种除了等待之外的方式来缩小差距。正如我们在本章中已经讨论过的，这归根结底是要与自己的想法建立一种新的关系。让我们来探讨一些策略。

去放风筝吧

最近，我带孩子们去公园，那天风出奇地大。那里有两个女孩，大概一个6岁、一个8岁，她们穿着搭配得体的夏日连衣裙和凉鞋。她们都拿着风筝，我看着那个大点的女孩开始跑起来，起初她把风筝紧紧贴着自己。然后，她一边跑，一边慢慢松开绳子，让风筝越飞越高。等到风筝被高高地放到天空中，她停了下来，让风筝在她头顶上方飘着。她时不时地瞥一眼风筝，然后把手柄交给她的爸爸，这样风筝就能自己飞着，而她则转着圈，吹起了泡泡。然后，轮到她妹妹了。她也把风筝紧紧贴在身边。只不过，她没有把绳子松开太多。很快，她的风筝就缠在了一根耷拉下来的树枝上。她就在那儿又哭又闹，拼命地拉着线，结果风筝反而更难从树枝上解下来了。幸好，她的父母够高，能把风筝解下来，教她重新再来一次。

看着这一幕，我想，这过程和我们平时对待自己的想法的方式一模一样。当我们把心里的想法抓得太紧时，它们就会纠缠在一起，夺走我们的注意力。但当我们与它们保持距离时，我们就可以看着它们自得其所，甚至可以不管它们，专注于自己的事。当我们放下它们时，它们并不会消失——它们仍然在那里，在我们头顶上方飘着——但我们可以选择是否以及如何去关注它们。

我们的思维异常强大。也许把放风筝当作应对冒充者思维的方法听起来并不怎么有效。但现在，我想让你想象一块老式黑板。想象你和我站在那块黑板前，我用我的长指甲扣住黑板刮下去。会怎样？你的肩膀是不是耸起来了？你的脸是不是皱在一起了？大概，你觉得我疯了。然而，在实际环境中，并没有黑板（而且我的指甲很短，根本发不出什么声音）。想到柠檬或泡菜，你就会流口水。想到你深爱的人意外去世，你就会感受到与这种悲剧真实发生时相似的情绪。我们的思维异常强大。所以同理，想象死亡，或把我们的想法看成被树枝缠住，就会触发强烈的感受，那么，把我们的想法想象成放飞的风筝也许能削弱这些想法的力量。下次当你处于选择时刻，内心的冒充者念头出现时，想象你可以把这些想法像放风筝那样，让它逐渐飘向天空。重要的是，风筝并没有消失，你的想法也没有。但保持一定的距离会让你能够观察这些想法而不被它们纠缠，从而能够践行你的价值观，坚持或调整选择。

哦，希拉

我不太确定这是从什么时候开始的，但几年前，每当我的内在批评家和冒充者声音出现时，我的回应是："安静点，希拉——我能搞定！"如果你的名字叫希拉，我可没有冒犯你的意思。除了那首《哦，希拉》里的希拉，我不认识其他叫这个名字的人（如果暴露年纪，这首歌在你脑海里挥之不去的话，我先在此道个歉）。也许这听起来有点矫情，但实际上，给你的想法起名字是一种与之抽离并观察它的技巧——这样你就不会被它牵着鼻子走。《全脑教养法》(The Whole-brain Child)的作者之一丹尼尔·西格尔（Daniel Siegel）说过，要"起了名字，它才能听话"[4]。在每一次选择时刻来临的时候，给内心的想法起个名字，能创造出一个心理空间，让你可以选择调整至另一个可行的替代方案。需要说明的是，"让希拉安静点"并不是让她闭嘴。如果能的话，我当然愿意，但我们现在都知道那不管用，对吧？这句话更像是我的一句口号，告诉那些内心的想法，它们不能决定我的选择。

也来给你心里的想法起个名字吧。我的来访者们选择过"大恶霸""假新闻""暴君"和"比尔"（这个是我最喜欢的，因为这是我丈夫的名字。安静点，比尔！）。你可以给你的想法起一个普通人的名字，比如希拉或比尔，或者起一个像"心魔"这样的称号。这里没有对错之分，如果你发现自己总想着放个大招，试着放松一点，让某个名字自然而然地浮现在脑海中。你可以发邮件给我，或者在社交媒体上发贴并联系我。我非常想知道你想出了什么名字！当然，如果你想不出来，我可以和你一起想。

是云还是雾

有天上午，我和孩子们醒来时，发现我们小区被一层厚厚的雾笼罩着。开车去学校的路上，我们几乎看不到前车的刹车灯。我们提心吊胆，担心撞上在街上骑自行车的孩子。我的孩子们倒是觉得没什么，还可爱地给我讲解，其实云和雾是一样的东西，区别在于我们所处的位置——也就是说，如果我们站在云的中间看云，我们看到的就是雾。就像那些放风筝的女孩一样，这也让我开始思考关于内心想法的问题。当我们被内心的想法困住时，我们就像站在雾中，四面八方都被雾包围，几乎看不到雾以外的任何东西。我们需要谨慎行事，警惕潜在的危险。当我们没有被困住——也就是当我们抽离出来观察自己的想法时——就像站在地上抬头仰望天空中的云朵，它们遥远又疏离。我们可以观察它们的特质——颜色、纹理、移动速度——而不受它们影响。面对选择时刻，当你停下来时，注意你的内在批评家和冒充者思维是否已经把你堵得严严实实，让你谨慎行事以避免危险，并想象你可以将雾聚集起来，将它们以云的形式放置在天空中。观察云朵在天空中移动，就仿佛观察你的想法在脑海中飘荡。让这为你创造一个空间，让你能更好地选择自己的价值观，并坚持或调整至一个由价值观驱动的选择。

动态表情包：一份GIF（T）大礼

我在浏览社交媒体时，有时会点开那些看起来萌萌的或搞笑的短视频。好几次，我以为我听到的会是年轻妈妈在谈论她可爱的宝宝，或是狗主人聊起他的"毛孩子"。但结果却是听到一个诡异的机器人的声音，而不是视频制作者自己的声音。我突然想到，这是一种练习与内心的冒充者重建关系的绝佳方式。一般情况下，你可能会听到自己的声音告诉你，你是个冒牌货。那么，试试用那种诡异的机器人般的声音重复你心里的想法，看看会是怎样的感受。更好的选择是，登录一个免费的文本转语音网站，直接把你的想法输进去。你不用把它们发到社交媒体上，但如果你真发了，我也很乐意看！或者试着做一个表情包或GIF动图。也许可以做个"世界上最有趣的男人"表情包，比如"我一般不追求我想要的东西，但当我追求时，肯定会被人发现原来我是个冒牌货"。

这听起来像是一种弱化痛苦的内心体验。从某种程度上说，确实如此。我们内心的想法并没有超能力——它们只是声音、音节和图像，只有当我们赋予它们影响力时，它们才有力量。那么，我们该如何去除它们的影响力呢？别把它们太当回事。用玩的心态对待我们内心的想法，就像给了我们内心的冒充者致命一击。现在就试试吧。找出一个以前让你很痛苦的想法或那些让你烦恼的事。想象一下霍默·辛普森（Homer Simpson）在讲完这件事的最后加上一句"呃"。或者想象一下玛丽亚·凯莉（Mariah Carey）用她最高的高音把它唱出来。或者让你的双语朋友或用谷歌翻译器，用你不懂的语言把它说出来。内容还是那些内容，但它的意义和影响力已经变了。面对选择时刻，这种调整创造了一个心理环境，让你更有可能做出灵活的选择。下次试着把你当初的某个过于在意的想法做成一个有趣的短视频、表情包或GIF动图。看看这个想法的影响力有没有什么变化。

如果把自我限制的信念当作必须遵循的训诫，就会导致心理僵化的行为。当我们对内心的想法保持好奇，观察它们，并看清它们的本质时——内心的想法只是一串串可能让人感觉很有说服力但实际上没有任何力量的字母或图像，我们更有可能采取可行的行动。面对选择时刻，我们可以选择如何回应自己的想法。像看待放飞的风筝一样观察它们，给它们起名字，把迷雾般的想法变成云朵般的想法，并用玩的心态对待它们，这有助于创造一个心理空间，让我们更容易践行价值观，选择坚持下去或调整方向。在我们内心构建的所谓不可行的行动困境等式的两边，一边是我们内心的想法，另一边是不舒服的感觉（情绪、感觉、冲动）以及待在舒适区的诱惑。

本章概要：需要了解的内容

- 我们对情境的看法会影响我们的感受。如果我们任由其影响，它还会左右我们的行为。
- 只有当改变想法能促使你采取与价值观一致的行动时，这种改变才是有意义的。
- 当改变想法不起作用时，你可以改变自己与想法的关系。观察它们，并选择倾听是否会带来可行的行动。
- 寻求智慧心智的帮助，以决定是坚持还是调整方向。
- 谨防差距陷阱：因感知到的知识、经验、专业技能或信心上的差距而停滞不前。

行动指南：可操作的练习

- 选择何时倾听内心想法，何时仅仅以疏离但好奇的态度去观察它们。
- 给你的冒充者念头起个名字。
- 像放风筝一样放飞内心想法。
- 将迷雾般的想法转化为云朵般的想法。
- 用玩的心态对待内心想法。

第九章
恐惧、自我怀疑、羞耻感,以及舒适区的诱惑

> 人生是痛苦的,殿下。不这么说的人恐怕是要兜售什么。
> ——《公主新娘》(The Princess Bride)中的韦斯特利(Westley)

当我的第一本书出版的时候,出版社邀请我参加一场作者晚宴。邀请函是电子的,所以我能看到完整的受邀者名单:史蒂文·海斯(Steve Hayes)、凯利·威尔逊(Kelly Wilson)、罗宾·沃尔瑟(Robyn Walser)、柯克·斯特罗萨尔(Kirk Strosahl),等等。如果你不是接纳承诺疗法的实践者或相关社群的一员,这些名字对你来说可能毫无意义,但在我心中,他们就如同神明一般,是我职业生涯中的英雄。当我知道我将和他们同台出现时,我立刻开始呼吸急促,竟然控制不住地抽泣起来。恐慌和冒充者的感觉简直要吞没了我。我认真考虑过拒绝出席,告诉自己等明年有更多的经验和自信后再来(看吧,这就是陷入差距陷阱的专家型冒充者)。但晚宴还有几个月才举行,我在客厅里终于鼓起勇气点击了屏幕上的"确认出席"按钮,心想反正随时都可以改变主意。

晚宴当晚,我紧张到几乎愿意用任何代价来换一片镇静剂。好吧,这有点夸张,但对我来说,这确实是我职业生涯中最焦虑

第九章 恐惧、自我怀疑、羞耻感,以及舒适区的诱惑

的一次。我盘算着要不要临阵脱逃,因为我知道,只有赶快离开,才能缓解这种强烈的焦虑。然而,我还是鼓起勇气,在酒店房间里灌下一杯酒,恳求丈夫陪在我身边。

当我们到达餐厅时,受邀嘉宾们被引导到户外露台的餐前酒会。我开始和马特·麦凯(Matt McKay)聊天,他是一位知名的ACT心理学家和高产作家,还是电子邀请函上列明的晚会主持人。我们互相介绍了自己,我问他怎么会成为这次活动的主持人。他像看怪物一样看着我,回答说:"呃,因为我拥有这家出版社啊!"

就好像还嫌我不够焦虑似的,我已经很怕自己被拆穿是个无能的冒牌货了,这下可真是恨不得钻到地缝里去了,感觉自己当场就要窒息了。我根本不知道马特·麦凯就是出版我那本书的出版社的老板。

我们笑了起来,我的脸都红了(还红得特别厉害)。然后他问:"那你是哪位?"如果我当时脱口而出,我就会说:"哦,我是个小人物。"幸运的是,我停顿了一下,然后解释说我和尼卢·阿法里(Niloo Afari)合著了《ACT隐喻大全》。让我如释重负又欣喜的是,麦凯热情地表示他非常喜欢那本书。

紧接着,我们被引导至餐厅就餐。觥筹交错,把酒言欢。同事们的交谈渐渐开始百无禁忌,我也感觉越来越自在。我们聊了聊工作,但也谈到了家庭、旅行和未来的计划。

最终,一开始的恐慌、自我怀疑和尬聊逐渐消逝,那晚变成了我经历过的最有趣、最满足的夜晚之一。第二年,当我再次被邀请参加晚宴时,我还是有些紧张,但已经好多了。我认识了一些人,而且觉得自己能应付得来。到了第三年,我已经和我的"英雄们"成为朋友了。

着火与烤焦的吐司

想想你曾经历过强烈焦虑、恐慌、自我怀疑或冒名顶替感的时候。当时你是怎么做的?也许你并没有点击邀请函上那个"确认出席"的选项,而是选择"算了",只想逃避引发这些感受的任何可能。如果是这样,你只是顺应本能,以保护自己免受危险。从生物学和进化的角度来看,人类唯一的真正任务就是生存和繁衍。因此,我们生来就配备了一套威胁检测系统(threat-detection system)来帮助我们实现这一点。如果你开车时突然听到刺耳的刹车声,你可能会经历一系列恐惧反应——心跳加速、呼吸急促、头晕目眩。这是你的交感神经系统(sympathetic nervous system)被激活的表现,为了帮助你对潜在危险情况做出恰当反应。你可能会踩下刹车,环顾四周,查看后视镜,快速评估情况,然后继续行驶。出乎意料的飞机颠簸也可能引发类似的反应。你的身体正在对潜在威胁做出反应。一旦飞行员出来告诉你颠簸无需担心,副交感神经系统就会开始工作,帮助你平静下来。

面对真正危险时的恐惧反应会让我们做好准备,去战斗、去逃跑,或者就僵在那里。这样我们才有最大的机会存活下来(关于焦虑、恐惧/恐慌、担忧、压力以及我们身体的生理、情感、认知和行为反应的更详细解释,请参见我的书《勇往直前》的第一章)。然而,我们的威胁检测系统并不仅仅关注实际意义上的生死威胁,它还会留意社交中的威胁。无论是面对身体上的危险还是社交危险,即使处境是安全的,我们的身体和大脑也可能像经历生死威胁一样做出反应。这就像烟雾报警器会响——有时是因为真的着火了,但很多时候只是因为你烤焦了吐司。很多时

第九章 恐惧、自我怀疑、羞耻感，以及舒适区的诱惑

候，我们的身体也并不能区分这两者的区别。

当我被邀请参加出版社的晚宴时，我的身体和大脑的反应，就好像马特·麦凯用刀抵住我的喉咙一样。这种社交场景让我感到威胁，但马特·麦凯其实是个好人。为什么会感觉到威胁呢？因为这个活动对我很重要。我希望能被这群才华横溢、成就斐然，还与我有着相同价值观的人接受。我不想让他们觉得我是个冒牌货，然后被踢出这个圈子。正如我们之前讨论过的，这种恐惧的根源是人类的生存进化。而今天，我们的边缘系统（limbic systems）并没有进化到能够正确区分出感知到的威胁和实际危险。

这意味着，当我们的危险感告诉我们不要在30英尺①高的海浪中游泳，不要从两层楼高的建筑上跳下，不要离篝火太近时，我们可以依靠它来保护我们的安全。但如果我们每次感到害怕时都依靠它，然后因此而逃避，那么尽管这种逃避可能会让我们暂时摆脱恐惧，我们仍会付出巨大的代价。如果刺耳的刹车声和飞机颠簸（后来都证明是安全的）导致你放弃开车和乘飞机，你可能会在那一刻减轻恐惧，但代价却是牺牲了一部分自由。如果我拒绝了出版社的晚宴邀请，那么当下的恐慌和冒名顶替感会立即得到治愈，但我却失去了乐趣、满足感、友谊以及建立重要职业关系的机会。更糟糕的是，我可能会告诉自己，未来摆脱恐惧的最好方法就是逃避引起恐惧的事物。换句话说，逃避会导致更多的逃避，随着时间的推移，我们的生活往往会越来越受限。

---

① 1英尺=0.3048米。

习惯性逃避

情感痛苦是生而为人的必然代价。然而，我们却千方百计地试图逃避。没人愿意心里不舒服，但当我们一味追求舒适时，往往会牺牲自己的价值观。为了确保可行性，我们付出了心理僵化的代价。在我之前的例子中，我的恐慌和冒名顶替感并不是真正的问题。真正的问题在于我想要逃避这些感受，这让我一直过着畏首畏尾的生活。我必须敞开心扉去体验这些感受，才能真正地活出生命的全部。当然，一开始我"开了点外挂"，比如出席活动前，在酒店房间里喝杯酒，从我丈夫那找点安慰。我可不是完人。但我并没有喝到失态，也没有因为害怕就不和那些让我紧张的人交流。正如我们在第四章所讨论的：痛苦本身不是问题，我们不愿承受痛苦，这才让我们陷入困境，即痛苦 × 抗拒 = 苦难。对人类而言，痛苦是既定的、常态化的存在。然而，当我们遇到抗拒时，其实有能力选择一种全新的反应来减轻情感上的痛苦。

想想究竟是什么在阻碍你，让你畏首畏尾。是恐惧和冒名顶替感吗？还是当它们出现时你的应对方式？很多时候，为了减轻焦虑、自我怀疑或其他不适情绪，我们会采取习惯性逃避（experiential avoidance, EA）。

习惯性逃避是指我们为了减少不想要的感受或增加想要的感受，以及防止害怕的结果发生，所做出的任何行为或不做出的任何行为。[1]

习惯性逃避的例子包括情境回避、物质滥用、分散注意力

（如刷社交媒体和追剧）、发泄情绪、完美主义、拖延、孤立自己，或是强迫性赌博、性行为或购物。在下一章，我们将探讨习惯性逃避的五个主要类别。就像冒名顶替综合征的亚型一样，你可能会感受到各种类型的习惯性逃避，但其中一种可能是你最常体会到的。

它有效，否则你不会这么做

看着上面列出的习惯性逃避的例子，你可能会说："呃，逃避太糟糕了。我为什么要这么对自己？"我们都会这么对自己，因为逃避真的有用！孩子或同事让你恼火对吗？那就大吼大叫，要他们停止胡闹或者收拾烂摊子。一下子就爽了。漫长的一天结束后，有没有感到压力巨大？来杯葡萄酒——酒精是一种中枢神经系统抑制剂，能迅速减轻焦虑。是不是感到自我怀疑，害怕自己被揭穿是个冒牌货？结果，就加班到很晚，忙个不停，做个不停。至少，这样能让你今天感到安全，暂时不会被揭穿。

我们选择的行为都是有目的的，起到各种作用。它们能缓解某种痛苦，有时还能释放一些额外的多巴胺。那种待在舒适区的诱惑真的很难抗拒。舒适区，顾名思义，待在那儿就是很舒服。但逃避也是有代价的。

当你喝得太多时，今天感受到的解脱会导致明天焦虑加倍，还会伴随头痛和易怒；当你对孩子或同事发火时，你伤害了自己的声誉和人际关系；当你过度追求成就时，你透支了自己的精力，而且永远也无法真正摆脱冒名顶替感。重要的是，这些代价往往与我们的价值观直接相关。

看看表9-1，然后从你自己的经历中添加两三个例子。

表9-1 管用（但最终会付出代价）

感到不舒服	习惯性逃避	它真管用！（所起的作用）	直到它让你付出代价！（所付的代价）
焦虑	饮酒	短期内感到轻松和宽慰	焦虑、头痛、易怒和因饮酒过多而产生的加倍内疚感
易怒	发火，大喊大叫	情绪在当下得到释放，觉得一切尽在掌控之中或充满力量感	损害人际关系和个人声誉
自我怀疑冒名顶替感	过度工作，过度进取	暂时地拥有掌控感，觉得自己不会被人看作冒牌货	透支精力，且长期无法摆脱冒名顶替感

最省力的办法

我丈夫的祖母生病时，他的亲戚们催他赶紧订机票。比利心慌意乱。他就要失去他挚爱的祖母，还要在几个小时内收拾行李赶上红眼航班，他要做的事一件接一件。他把所有事情抛诸脑后，订了几天后的航班——可惜也没能赶上见祖母最后一面。他满心愧疚和后悔。收拾行李回东部时（现在是为了参加葬礼），他胡乱地把东西塞进箱子，说道："算了。缺什么到那儿再买吧。"结果，到了那里，他发现没带参加葬礼的西装。这就意味着他得花一整天时间和一大笔钱去找一套西装，还得在当天就改得合身。仅仅三天内，这种想要逃避短期痛苦的强烈冲动，带来了更大的痛苦。

经济学家将这种倾向于选择短期利益而非长期收益的行为称为"现时偏见"（present bias）[2]。诺贝尔奖得主、心理学家丹尼尔·卡尼曼（Daniel Kahneman）称之为"最少努力的一般法则"（a general law of least effort）[3]。行为科学家凯蒂·米尔科曼（Katy Milkman）则简单地称之为冲动（impulsivity）[4]。本质上，如果实现一个目标有多种方法，人类会选择最省力的行动方案来走捷径。无论你称它为什么，选择最省力的途径都是一种非常常见的习惯性逃避行为。

正如表9-1所呈现的，最省力的办法让人感觉良好。它带来了解脱，不过是暂时的，它终究会导致更长期的代价。担心项目做不好？那就拖到以后再做。拖延是解决项目恐惧的即时良药。害怕跟朋友或伴侣分享自己的感受？那就藏在心里——问题就解决了！现在不会有人拒绝你，你也不会有脆弱感了。自我怀疑，害怕自己被揭穿是个冒牌货？那就等到明年再争取升职或找新工作。哇，危机解除了！至少今天你不会被揭穿了。但当然，今天拖延的任务意味着明天同样的工作量，而且时间更紧，离截止日期更近了。昨天还是解决恐惧的"良药"，今天就会让恐惧加倍。今天在朋友面前封闭自我表达可能感觉安全，但未来会剥夺你人际关系中的亲密感，并让你面临更大的被拒绝风险。逃避职场上的挑战可能在短期内让你感觉自己不那么像个冒牌货，但从长远来看，它会压缩你的职业视野。最省力的办法可能是通往舒适区的暂时捷径，但它往往会让你偏离自己的价值观和社交圈，直接回到痛苦的深渊。

自我损耗

当我打算等到忙完后再去锻炼时，我从来没有做到过。相反，我最终会瘫在电视机前，就算不饿也会吃点零食。如果你在身体、情感或认知上经历了一整天高强度的消耗，你会发现自己累到更容易选择不怎么花力气的方式，更容易选择习惯性逃避。这样的情况比比皆是。心理学家罗伊·鲍迈斯特（Roy Baumeister）将这种现象称为自我损耗（ego depletion）。他在多项实验中证明，我们的自我调节能力是一种有限资源，会随着我们连续面对挑战而逐渐耗尽[5]。心理学界普遍认为自我控制力是有限的。但尼尔·埃亚尔（Nir Eyal）在他的著作《不可打扰》中，鼓励读者重新思考这一观点，称自我损耗理论是"民间心理学中最普遍的观点之一"[6]。这是因为一些研究人员，在深入研究鲍迈斯特研究成果后提出，他的研究可能被误解了[7]。卡罗尔·德韦克因其在成长型思维方面的研究而闻名，她对鲍迈斯特的自我损耗理论进行了测试，并得出结论：只有当参与者认为自我控制是一种有限资源时，自我控制对他们来说才是有限的[8]。正如埃亚尔所指出的，如果德韦克的结论是正确的，那么我们必须停止传播自我控制是有限资源这一观点。如果自我损耗实际上是一个思维问题，那么我们必须解决这个思维问题。

比如，当你面对需要耗费意志力的选择时刻——这些选择，包括要不要去做枯燥的文书工作、要不要骑上健身单车，要不要坚持吃健康食品——你会发现，每天早上你都是自己的主宰，可以做出与价值观相一致的选择，然而一天过后，你又退回到了习惯性逃避的老路上，而罪魁祸首不是自我损耗，就是你对自我损耗的迷信。所以，我们会看到，人们在晚上会更容易出现失去控制的情况，例如暴饮暴食、无法与人耐心相处、拖延等。

无论哪种情况，只要你想对抗习惯性逃避，或者调整自我损耗的错误信念，都需要结合以下三件事：

1. 活在当下，觉察自己的思想和感受，我们在第四章中讨论过这一点。
2. 牢记你的初心——保持与价值观的深度连接，我们在第五章和第六章中讨论过这一点。
3. 实践意愿，我在下面会简要提及，并在第十一章中深入探讨。

你还能再多穿点衣服吗？

习惯性逃避就像《老友记》里的一集，乔伊为了报复钱德勒藏起他所有的内裤，穿上了钱德勒的所有衣服（"看看我——我是钱德勒。我还能再多穿点衣服吗？"）[9]。我们利用习惯性逃避来层层叠叠地从心理上保护自己。就像穿着一层又一层衣服的乔伊一样，在一切的保护层底下，我们是赤裸的。我们绝不愿意将我们的赤身裸体袒露在外，因为我们害怕暴露自己的脆弱。但穿上这么多层"衣服"却极其束缚（更别说还有另一个明摆着的缺点，就是让人满头大汗）。回想一下你年幼的时候，在自我意识占据主导之前。想象某次你光着身子裸泳，或者某次洗完澡后光溜溜地从照顾你的人身边跑开，那时的你是多么自由自在。

我立马想起了一段视频，那时的我大概七八岁，穿着比基尼。那大概是我最后一次穿比基尼了。视频里，我和表妹在一起，我们又唱又跳，在镜头前摆出各种搞怪的姿势。我们手舞足蹈，摇头晃脑。我们完全没有扭扭捏捏，而是随心所欲地摇摆。

放下习惯性逃避的感觉就是这样。作为成年人，语言的陷阱（规则、假设、判断、预测、合理化）已经形成，所以我们不可能再像小时候那样无拘无束。但是，当我们愿意褪去那些看似保护实则束缚我们的层层"衣物"时，我们的身体和声音就能按照我们的价值观真实地去表达自己。我不确定的是，自己以后还会不会真的再穿着比基尼在摄像机前大跳搞怪舞蹈，但我确定的是，在个人生活和职业生涯中那些对我尤其重要的领域，我想要大展拳脚。

羞耻感

当你想象自己褪去层层保护，暴露无遗时，你感受到了什么？当你想象自己真正地、毫无愧意地、百分之百展现自我时，除了彻底的脆弱感之外，还会产生什么其他的感觉？我猜有害怕，也许还有畏惧。但我在想，这其中是否也夹杂着些许羞耻感。

人类生来就渴望联结和归属。研究一次次表明，预测人的整体健康和幸福的最有力的单一因素就是是否存在高质量人际关系[10]。当我们考虑褪去层层保护的外衣，在生活中赤诚相对时，就会感觉这些联结岌岌可危。如果我真的让他们看到我真实的一面，他们会怎么说或怎么做？我们可能害怕被拒绝或被抛弃，或者如果我们觉得自己不够好、不值得、不可爱，我们可能会感到羞耻。如果你有过被边缘化的经历，就像许多与冒名顶替感做斗争的人一样，那么羞耻感可能会作为被污名化的一种情绪成分而出现[11]。而羞耻感是人类极力想要逃离或避免的一种体验[12]。

布伦妮·布朗在她的著作《无所畏惧》(Dare to lead)中将羞耻感描述为对失去与他人联结的恐惧。她说："羞耻感是一种极其痛苦的感受或体验，我们认定自己是有缺陷的，因此不配与

第九章 恐惧、自我怀疑、羞耻感,以及舒适区的诱惑

他人产生爱、归属和联结。"[13]当我们躲在这些保护层的下面时,就避免了不值得的感觉和羞耻感。这种逃避在短期内确实能给我们带来一种心理安全感,但向他人隐藏真实的自己,最终会减少我们获得爱和归属的机会,并更有可能导致我们失去与他人的联结。当冒名顶替感出现时,我们常常将对自己不足的恐惧藏在心底,以免暴露自己是冒牌货。我们为了寻求归属而默默忍受,三缄其口,为了避免羞耻感却进一步孤立了自己,造成了更大的断联和孤独。[14]

当我们愿意在彼此面前袒露(也许真的是赤身裸体,但我不建议在职业场合这样做)自己的内心时,联结和归属就会产生。亲密源于脆弱。[15]它源于我们褪去保护层,向彼此展示真实的自己——包括伤口、瑕疵和一切。完美并不会孕育出联结——对人性瑕疵的坦诚才会。你可以用你的经历来验证这一点。想想你与他人产生联结的某个时刻:是在什么情境下发生的?当你参观了别人完美无瑕的家居环境,看着他们成绩优秀、琴棋书画样样精通的孩子们其乐融融地玩在一起,接着又享用了他家亲自烹制的三道纯有机美食晚餐后,你会产生与这家人的联结感吗?我打赌不会。

当丹尼斯还是心理学博士后时,她听了我给她的同僚做的一次演讲后受到启发,于是向我寻求职业建议。多年来,我们通过电子邮件交流,就各种专业问题进行探讨,从寻找办公空间到产假安排,再到客户转介。在七年的邮件往来后,我搬到了她隔壁的小镇,丹尼斯主动提出面谈,聊聊她开设私人治疗诊所的目标。这次会面逐渐发展成了时不时的海边散步和家庭聚会。我们的对话也开始从只谈业务转变为也会谈论婚姻、为人父母和工作的平衡、抚养有特殊需要的孩子、大家庭的协调、生活中的挣扎

和梦想。

我永远不会忘记第一次去丹尼斯家的情景。她在我来之前并没有打扫房间，只是随意地为房间的杂乱道了个歉。那一刻，我实在太爱她了。她就这么让我看到她家的真实状态，这简直是对我最大的信任。如果她的房子一尘不染，而我家却不是，那我反而会觉得自己不够好，不配有这样的朋友。我会躲到自己层层保护的外衣下，以避免羞耻感和与他人失去联结，而这个想法会悖论般地创造出损害我们关系的完美情境。然而，从看到杂乱的房间那一刻起，我知道我们彼此之间可以坦诚相待。那是一个真正的联结时刻。想一个你自己的联结时刻——一个褪去保护层，允许坦露真实和脆弱的时刻。你和谁在一起？发生了什么？感觉如何？

在一本面向专业人士的书中写关于个人联结的内容似乎有些奇怪。但如果你回想自己的经历，我想你会发现，许多习惯性逃避，无论是关于个人的还是关于职场的，可能都源于羞耻感和对失去与他人联结的恐惧。

害怕被拆穿是冒牌货的根源是什么？就是害怕别人会看到你内心深处的真实自己，害怕一旦他们看到了，就会拒绝你、抛弃你。你会被踢出你拼命想要加入的群体。

本章的目的是帮助你看到自己的习惯性逃避模式。在第十一章中，我们将详细讨论如何改变你与恐惧、羞耻感、冒名顶替感以及任何其他不舒服的感觉的关系，这样它们就不会阻碍你大胆行动。

第九章　恐惧、自我怀疑、羞耻感，以及舒适区的诱惑

完美主义者雪莉

多年来，雪莉在管理律师事务所和房地产公司方面表现出色。她管理着一个10~15人的团队，同时向4位高管汇报。她自学了多种高级技能。但由于没有高等学历，她丝毫不看重自己取得的成绩。她的成长环境让她认为，女人必须嫁人，由男人来照顾，而她自己并不够聪明，无法靠自己取得成功。

尽管缺乏自信，或许也正是因为这份不自信，雪莉决定攻读三个学位，不是一个或两个。尽管她被一所竞争激烈的心理学博士专业录取，但她总是觉得自己不够好。拿到成绩后，她总是盯着错误或需要改进的地方，哪怕她在各项任务中都表现得很出色。在临床工作中，她会过分关注那些对客户无关紧要的小错误。雪莉还总拿自己跟所有人比，包括那些已经从业十多年的人，尽管自己还是学生，她却用同样的高标准要求自己。

在抚养两个孩子的同时，她做到了这一切。然而，她非但没有为自己能如此成功地应对这么多事情而感到自豪，反而过度关注那些没洗完的衣服，以及那些进展不如她所愿的来访者（一直不停地问自己，他们为什么还来找我？难道他们不知道我是个冒牌货吗？）。当她被澳大利亚最好的心理学硕士专业录取时（对，她已经有了博士学位，但为了接诊来访者，还需要硕士学位），她还坚定地以为他们搞错了，或者是出于同情才给了她一个名额。

作为完美主义型冒充者，为了弥补自己时刻担心被拆穿的恐惧，雪莉给自己设定了极高的标准。这些标准帮助她取得了成功——她的论文甚至未经修改就通过了（对于那些从未写过学术论文的人来说，这简直是闻所未闻）——但无论多么追求完美，

都无法消除她的冒名顶替感。雪莉把自己的成功归结于其他人的失误,或者归结为他们"只是人好"或对她手下留情。这招有效,但终究还是会失效,而她总是处于崩溃的边缘。如果雪莉要填写一张"管用(但最终会付出代价)"的表格,大概会像表9-2。

表9-2 雪莉的表格

感到不舒服	习惯性逃避	它真管用! (所起的作用)	直到它让你付出代价! (所付的代价)
自信心不足,不安全感	攻读多个学位	掌控感增强,希望信心得到增强	付出时间、金钱和精力,从长远看,无法治愈不安全感,拥有博士学位让我在硕士阶段的学习中感受到更多的冒名顶替感
失望(对自己)	关注错误和自以为的失败,将自己和他人进行比较	感受到自己可以变得更好 相信这点有助于避免未来的错误和失败	从长远看,这会让你感到悲伤、沮丧、不足,甚至更失望
冒名顶替感以及被拆穿的恐惧	对成功不屑一顾,成为一个完美主义者	良好的表现,暂时放下恐惧	付出时间和精力,增加压力,设定了不可能实现的标准,所以我的挫败感更强了,从长远看,无法治愈恐惧

尽管内心经历了无比痛苦的挣扎,并且伴随着大量的习惯性逃避,雪莉还是在职业生涯的发展中一往无前。她从企业界转向心理健康领域,源于她内心深处渴望帮助他人渡过难关的强烈愿望。她坚守着乐于助人、支持和服务他人的价值观。她意识到,自己必须改变与内在批评家和冒充者思维的关系,以疏离、冷静

的态度观察它们，不让它们左右自己的选择，这样才能勇敢地追求梦想。她选择走出舒适区，为恐惧、失望和不安留出空间，去活出生命的全部。

如今，雪莉已成为一位获得全部执业资格的心理学家，实现了开设私人诊所的职业梦想。她的诊所坐落在一大片土地上，四周环绕着树木、动物和支持她的同事。她也希望通过联结、支持和过上有意义的生活来帮助他人，大家也都能感受到她想要帮助他人过上更好生活的热情。雪莉培养了自己的心理灵活性，以便她能帮助他人做到这一点。最近，雪莉退出了那些无法实现她的梦想或有违她的价值观的工作，以便更深入地发挥她的临床角色。虽然划定界限让她担心会让同事失望，但她还是选择了这样做。她告诉我："做出这个决定让我感到自由，我知道这对我来说是百分之百正确的。"

并非所有逃避都是"坏的"

虽然习惯性逃避可能导致无法采取有效行动，但并非所有习惯性逃避都有问题。例如，今天早上我醒来时感到极度焦虑。我像往常一样送孩子上学，然后去练瑜伽。练完瑜伽后，我的焦虑消失了。这是否意味着练瑜伽是一种习惯性逃避？它确实减轻了我不想有的感觉，所以是的，这算是一种习惯性逃避。但这是问题吗？这取决于它是否要付出代价。我为此花了大约两个小时（换瑜伽服、开车去工作室、上75分钟的课、开车回家、洗澡、换工作服），以及15美元。我今天有两个小时的时间可以支配，也负担得起15美元，而且它并没有让我错过其他基于价值观的活动。孩子们被送到了学校，我当天还有足够的时间写作。我也很看重与瑜伽社区的联系，照顾自己的身体对我来说也很重要。所以，虽然练瑜伽改变了我的内在体验，但它的代价微乎其微，也没有牺牲我的价值观。瑜伽的冥想还让我进入了更好的写作状态，这与我重视的创造力价值观相契合。在这个例子中，练瑜伽作为一种逃避方式并没什么问题。然而，如果我因为害怕焦虑，而每天晚上都在本应与家人共度（这对我很重要）的唯一时间段里占用两小时去上瑜伽课，那么这就成了一种有代价的回避，因此是行不通的。

有时候，你会选择逃避，这也没关系。我希望的是，这是你睁大眼睛做出的选择——让它成为一个有意识的、经过深思熟虑的选择，而不是一种无意识的自动反应。例如，在特别劳累的一天结束后，你有报告要写，而你主动选择拖延作为一种自我照顾的方式，同时承诺明天一定会完成它们。或者，你为了健康生活而减少糖分或酒精的摄入，但当你最好的朋友结婚时，你主动选择吃婚礼蛋糕、喝香槟来庆祝。

习惯性逃避的形式多种多样，甚至可能伪装得很巧妙（就像上面瑜伽例子中的第二部分那样）。在我专门研究接纳承诺疗法、焦虑和冒名顶替感的这些年里，我发现了五种主要的习惯性逃避的类型。你可能会在不止一个类型中看到自己和自己的行为，但你很可能有一个主要的逃避方式，我们将在第十章中用来甄别。

本章概要：需要了解的内容

- 情感痛苦并非问题所在，真正让你陷入困境的是你为逃避它所做的一切。
- 习惯性逃避是指你为了减少不想要的感觉或增加想要的感觉而做或不做的一切事情。
- 习惯性逃避在短期内或许有效，但往往伴随着代价，尤其是在价值观方面。
- 羞耻感、对失去与他人联结的恐惧以及选择最省力的办法，可能是许多习惯性逃避行为的根源。
- 并非所有习惯性逃避都有问题，关键在于它是否需要付出代价。

行动指南：可操作的练习

- 完成一张"管用（但最终会付出代价）"的表格，以了解你自己的逃避模式，包括习惯性逃避行为的作用和代价。

第十章
五种逃避策略

逃避从来都不是解决问题的好方法。生活中,在大多数情况下,听之任之只会让事情变得更糟。

——卢维·阿贾伊·琼斯(Luvvie Ajayi Jones)

"嗡嗡嗡。"我丈夫坐在沙发上,对着我学蜜蜂叫,而我则在我们的公寓里四处忙活。那是一个周六的早晨,很晚了,那时我们还没结婚,也没孩子。他还穿着睡衣,一遍又一遍地看同一部漫威电影。我已经研究生毕业了,所以周末也不用做作业。换句话说,我本可以窝在沙发,和比利依偎在一起放松一下。然而,我却让自己忙着做些我现在都不记得的事情——随便什么事,只要能让我继续动起来就好。这是我的逃避策略。我在学校待了太久,那里的事情多得做不完,时间也永远不够用,以至于我一坐下来就会因为想着自己"应该"完成的所有事情而感到焦虑。虽然我已经毕业了,处境也变了,但我的想法和感受却还没"更新"。为了管理我的焦虑,让内心平静下来,我就会不停地跑来跑去、忙来忙去。这让我感觉自己很有效率,一切尽在掌握之中。我的待办事项清单成了我最好的朋友,没有什么比完成清单上的所有事更让我感到兴奋的了。这种策略在学校里很有效,但当我无法让自己坐着发会儿呆的时候，我就要为此付出代价了。这意味着我错过了与我最在乎的人静静相处的机会。这意味着当我向来访者推荐冥想时，我自己却做不到，无法践行自己的理念。虽然不停地跑来跑去、忙来忙去让我避免了与静坐相关的焦虑，但它却带来了另一种焦虑，一种持续的紧迫感以及对接下来要做的事情的过度投入。我就像从前那个卡通角色塔斯马尼亚恶魔，在生活中全速旋转，搅得周围都是一片混乱的漩涡。

我把自己和其他采用这种逃避策略的人称为"行动派"。作为拥有20年实践经验的心理健康专家和焦虑问题专家，我发现有害的逃避策略可以分为五种主要类型：行动派（the Doer）、隐藏派（the Hider）、冲动派（the Pulsive）、依从派（the Otherer）和思考派（the Thinker）。你可能在不同场合下表现出不同的逃避策略，但其中一种会是你的主要策略。

在第九章中，我们详细讨论了逃避的问题——它所起的作用（即你为什么这么做）以及它所付出的代价。识别你的逃避行为所起到的作用，将帮助你判断你的逃避策略，从而做出新的更可行的选择。在这一章中，我们将通过识别你必要的逃避策略，将你对逃避的习惯性理解提升到一个新的层次。当情感痛苦和冒名顶替感出现时，意识到你正在做什么或没有做什么，是改变行为、提高心理灵活性的关键一步。

行动派

行动派总是忙个不停。他们常常通过保持积极主动，来避免情感痛苦和艰难思考，因为这样就没有空间留给这些感受了。行动派的模式是"跑来跑去，忙来忙去"。你会发现，行动派一直在忙着列清单，忙着完成清单上的任务，忙着享受从清单上划掉所有条目的乐趣。如果你的"行动派"本能特别强烈，你甚至可能会在完成任务后，不断地添加新的待办事项，只是为了体验划掉它们的满足感。那些过度准备狂、工作狂，以及那些考证狂人，很可能是"行动派"，他们不断地追求无止境的知识技能、证书、学位，以此避免让自己感觉不够好。行动派也可能投身于一些看似卓有成效的事情，比如培养爱好或"自我关爱"，但这些往往是逃避的狡猾形式。例如，行动派可能更喜欢在休息时间打高尔夫球或做手足护理，因为这感觉比单纯的休息更有效率，不像在浪费时间。行动派对浪费时间非常敏感，很少休息。

隐藏派

我们的儿子威廉在小的时候，有个时期总是发脾气。最后发展到他把老师凳子上的焊接铁腿扯掉，差点被幼儿园开除。他经常把首饰扔进装满尿布的桶里，把娃娃和电子产品扔到厕所里。他还经常把床单从床上扯下来，把所有衣服从衣架上扯下来。现在回想起来觉得很好笑，但当时他真的很难管教。面对这样的孩子，我丈夫感到特别沮丧，完全无能为力，于是他越来越多地待在办公室对着电脑。这为他提供了尤为必要的喘息空间（确实有效，否则他也不会这么做），但也造成只有我一个人对付我们的小恶魔，当然，这也妨碍了他们父子之间的关系。我们的婚姻以及他与孩子们的关系对比利来说比什么都重要，然而比利难以忍受那些他完全可以理解的痛苦，这破坏了他最看重的东西。值得庆幸的是，威廉和他爸爸都找到了更具心理灵活性的方式来应对他们的强烈感受，结果每个人的关系都得到了改善。

比利就是隐藏派。隐藏派与行动派相反，他们通过不被看见来寻求安慰。当恐惧、不确定、恐惧、不安全感或冒名顶替感等困难情绪出现时，隐藏派会通过封闭自己、保持沉默、被动、拖延、孤立自己和避免触发不适的情境来逃避痛苦。他们常常通过浏览社交媒体、追剧、玩电子游戏、阅读或打盹等方式来分散注意力。隐藏派在舒适区找到慰藉，但牺牲了他们的人际关系、工作和学业。他们会承担任务，但如果他们认为任务难以完成，就会因为害怕被评判或害怕让别人失望，而逃避沟通。这种沟通的缺乏恰恰导致了他们最想避免的结果——得到负面评价。

冲动派

杰是我的一位来访者，他第一次和我见面是在他一次严重自杀未遂的周年纪念日上。杰的童年非常艰难，他有过创伤经历。他从未学会如何有效管理自己强烈的情感痛苦，于是他采用自残、对他人施暴、强迫行为、冲动文身和穿刺，以及药物滥用等方式来逃避。这些行为让杰能够暂时缓解巨大痛苦，但却极大地干扰了他的生活，导致他频繁住院、进监狱，没有好的人际关系，这些都随着时间的推移加重了他的痛苦。通过治疗，杰慢慢减少了这些行为，住院和监禁的次数也减少了。

杰就是冲动派。冲动派通过强迫性和冲动性行为来缓解不适，这些行为包括使用药物、购物、撕死皮、自残、暴饮暴食、赌博、性行为、拔毛、咬指甲、数数、反复检查，等等。冲动派在愤怒或沮丧时，也可能在言语或身体上爆发。通常，情感痛苦和紧张或紧迫感相关，而冲动派的行为可以缓解这种紧张或紧迫感。虽然强迫性和冲动性行为能提供暂时的解脱和可控感，但随着时间的推移，对这种行为的需求会日益增加，而它们提供的解脱感却逐渐减少，最终往往会导致可控感降低。

依从派

每当有人邀请珍妮出去吃饭或看电影时，她总是顺从别人的意愿，别人想吃什么或看什么，她就跟着吃什么或看什么。当我问起她时，她说："这已经根深蒂固了——我做所有的决定时，第一反应都向外看。"她想知道，在音乐、政治或其他好恶方面，她的意见是否真的是她自己的，因为她很少在询问别人的意见之前花时间自己消化信息。依赖他人在很多方面都给了珍妮安慰：让别人开心，她自己感觉也很好，她避免了做出"错误"的决定（那些可能让她或别人不开心的决定），她也逃避了恐惧，因为她生怕如果她的选择与在乎的人不同，他们就会抛弃她。然而，付出的代价是珍妮错过了尝试新事物的机会。她也因此而缺乏自信和自我效能感，因为她从来没有体验过，在不担心后果的情况下直接做出选择或表达意见。换句话说，她认为如果她做出自己的选择，别人会不开心或不再是她的朋友。这种信念之所以一直存在，是因为她的逃避行为让她没有机会去证明事实并非如此。珍妮的父亲最近在与痴呆症长期斗争后去世了。她意识到自己倾向于关注别人的需求，比如她会帮助母亲熬过悲伤的时刻，这种倾向如此强烈，以至于她都没有停下来处理自己的情感经历。她通过关注别人的感受来逃避自己的感受。

珍妮就是依从派。依从派通过以他人为准来逃避痛苦。他们一贯从他人那里寻求安慰，他们永不当头，习惯于取悦并盲从他人。依从派不会自己选电影或餐厅，他们倾向于让别人来决定。

当他们必须要做决定时，依从派会在做出决定前征求很多意见。这可能表现为上网研究（把互联网当作更博学的"其他人"），或者询问很多朋友、家人或同事的意见。这样，依从派就避免了做出"错误"决定或被人评判或负面评价。出于类似的原因，他们很难拍板做决定或设定边界。他们也可能过度关注他人的需求，而且往往以牺牲自己的需求为代价，甚至可能在不必要的时候过度道歉。有时，依从派的态度可能会变化：随着时间的推移，被动和取悦他人可能从善意的迁就转变为愤怒的怨恨。这可能会对他们的人际关系产生负面影响。同样，如果依从派过度寻求安慰，也可能给人际关系带来负担。

思考派

安娜贝尔硕士毕业后，受邀参加一年一度的校友聚会。她很确定自己想参加，因为见到以前的同学对她来说意义重大。但她没有立即回复"是"来确认参加，而是花了几周的时间在脑海里反复思量，问了自己很多问题，考虑所有的细节和利弊得失。这些是她脑海中反复想的事情：前一个周末我就要出门了，我要连续两个周末都出门吗？又把狗留在家里，合适吗？我住在哪里？要待多久？还有谁会去？我要不要跟别人合住？疫情会有影响吗？油价贵得离谱，而且开车要开很久。安娜贝尔觉得需要把每一个可能的细节都想清楚。这给了她一种短暂的掌控感，就好像她在做准备，解决问题，这样就不会措手不及。但这也导致她一想到这个活动就感到压力很大。她一直等到最后一刻才回复确认，而且和往常一样，她最终的选择和一开始的一样——决定去。她把自己的思考过程比作在跑步机上跑步，非常努力却没有跑到任何新地方。

过度思考让安娜贝尔感到筋疲力尽。她还解释说，尽管她的外表看起来一切正常，但内心却有很多别人不知道的事情在发生，这有时让她感到很孤单。她的心理仪式创造了一种压迫感和紧张感，这常常导致她出现其他逃避行为，类似冲动派（如撕死皮）和依从派（如征求他人意见，希望这能帮助她明确"正确"的答案）。

安娜贝尔就是思考派。思考派通过担忧、反复思考（并在脑海中解决）所有可能的结果，以及过度分析每一种情况或每一个决定来减少或避免痛苦。思考派总是沉浸在自己的想法中。他们担忧各种"如果"，他们为最坏的情况做准备，他们理性思考，他们反复复盘（或一遍又一遍地回想）过去的对话、经历或社交媒体帖子，他们还为未来的对话提前做计划。这些认知策略让他们以为自己在准备和解决问题，也让他们有更大的掌控感和确定性。但它们也导致思考派体验到每一个"如果"的痛苦（而不仅仅是一个实际结果的痛苦），并可能限制思考派真正关注当下的能力。一些思考派在其他领域也有很高的逃避倾向。正如我那有思考派倾向的隐藏派丈夫所说："我的过度思考让我想要逃。"安娜贝尔描述了过度思考可能导致冲动派和依从派的行为。

在这五种逃避策略中，有两种是更主动的逃避策略（行动派和冲动派），有两种是更被动的策略（隐藏派和依从派），还有一种（思考派）是主动和被动的结合。

主动/行动	被动/后退
行动派	隐藏派
冲动派	依从派
思考派	

每种策略都有其好处——它们确实有效，否则我们不会使用它们——但它们都有代价，最终导致更大的痛苦和更深的逃避，还会使我们离我们真正看重的东西越来越远。你可以通过www.jillstoddard.com/quizzes上的测试，来识别你自己的主要逃避策略。

意识到逃避是改变的第一步。下一步就是，接纳不适。

本章概要：需要了解的内容

- 逃避策略可分为五种主要类型：行动派、隐藏派、冲动派、依从派和思考派。
- 你可能在不同程度上使用过这五种策略，但其中有一种是你最常使用的。

行动指南：可操作的练习

- 访问 http://www.jillstoddard.com/quizzes，完成测试，以确定你的主要逃避策略。

第十一章
学会在不适中舒适

你必须离开舒适的城池,迈入直觉的旷野。

你所发现的,皆是美好,

你所发现的,皆为自己。

——艾伦·阿尔达(Alan Alda)

在伊丽莎白·库伯勒-罗斯和大卫·凯斯勒合著的《用心去活》一书中,他们以斯蒂芬妮的故事作为开篇[1]。斯蒂芬妮开着车从洛杉矶去棕榈泉,去跟闺蜜们度过一个惬意的周末。这条路在南加州,是出了名的拥堵路段。她只能慢慢跟着前车,往前挪。她瞥了一眼后视镜,却发现后方的车正在加速,丝毫没有减速的意思。斯蒂芬妮知道自己要被撞了,而且按照对方的车速,她大概活不了。于是她索性闭上眼睛,松开紧握方向盘的手,选择放下,随它去。奇迹般地,尽管被全速撞击,斯蒂芬妮却毫发未伤。她的车、前方的车以及后方撞她的车都损毁严重,但她却安然无恙。

斯蒂芬妮之所以能活下来,是因为她选择了放下。如果她的身体保持紧张,双手紧握方向盘,她很可能会遭受重伤。正是因为她放下了抵抗,接受了即将发生的一切,才得以毫发无损地离开。斯蒂芬妮意识到，在情感上，她一直以来都像死死地抓住"方向盘"一样，紧紧握着自己的人生。这场车祸让她意识到，如果她能像手中轻握一根羽毛那样对待自己的生活，她会过得更好。

我希望你也能这样对待自己的内在体验——仿佛你可以像手中轻握一根羽毛那样，放下那种想要死死地控制它们的执念。斯蒂芬妮允许自己去感受恐惧，而不是与之对抗。这种接纳的态度让她获得了自由。

在第九章和第十章中，我们识别了你的习惯性逃避策略。现在，是时候通过学习一些技巧来放下执念，摆脱不想要的感受对你的控制，并与它们建立一种新的关系，从而让你获得自由。这意味着感受将不再阻碍你做出基于价值观的选择。

纠结的解药

如果控制是问题所在，那么放手就是答案。这就是ACT中的A所代表的含义：接纳。接纳，并不意味着喜欢或想要某种体验，也不意味着放弃或屈服。接纳，仅仅意味着我们允许已经存在的事物继续存在。当我们接纳内在体验时，我们是开放的，允许它们如其所是，无论它们是平和还是强烈、是舒适还是不适。花费心力去控制感受反而会赋予它们更多的力量，让它们更加难以摆脱。痛苦，是生而为人的必然部分。抵抗痛苦只会带来更大的苦难，并且常常使我们离自己的价值观越来越远。当我们放下的时候，苦难也会减少。

想象一下玩呼啦圈的情景。大多数人玩呼啦圈，圈圈在腰上转几下就会掉下来。但有些人，比如马戏团演员，可以让呼啦圈一直不停地转，甚至在腰上、手臂上，可能还有一条腿上都加上更多的呼啦圈，让它们转起来。但无论怎样，呼啦圈最终都会掉下来。马戏团演员看似转了很多个呼啦圈，但他们也因此受到限制，无法看清周围或移动到其他地方。同样地，试图控制或压抑你不想要的感受，有时看起来可能是可行的。但最终，你保持这种状态的能力会减弱。你可能会因为专注于处理自己的感受，而无法再看到其他人、事、物，或者做不了任何其他事情。你被困住了。假如你不再以马戏团的方式来逼自己表演呼啦圈，那将会发生什么？你将不再纠结，也无需刻意努力。你会像斯蒂芬妮那样放手。你会顺从，你会接纳。

研究表明，接纳确实有好处。例如，在一项关于疼痛耐受度的研究中，参与者被要求将手浸入冰水中。在接触冰水之前，他们被分为三组。第一组（抑制组）被要求抑制任何与疼痛相关的情绪、想法和感觉。第二组（接纳组）被要求接受、观察，并且不去控制与疼痛相关的情绪、想法和感觉。第三组（自发应对/对照组）则接受疼痛教育，并被指导如何应对疼痛。结果，接纳组的参与者报告的疼痛和痛苦水平较低，耐受力水平较高[2]。

其他研究也得出类似结论，体现在与耳鸣（耳朵慢性耳鸣）相关的疼痛[3]、慢性疼痛[4]、恐慌引起的疼痛[5]等。

当然，这说起来容易做起来难，但有很多方法可以增强你的接纳能力。你可以从简单有趣的练习开始，然后逐渐过渡到更具挑战性的练习。我们将在这里探讨其中的一些方法。

运用呼吸接纳不适

在我们开始练习积极接纳之前，让我们先来讨论一下，在实际练习中，接纳到底是怎样的。曾有几位来访者告诉我，他们在理论上都能理解接纳的概念，但却不知道在实际练习接纳时该怎么做。我发现，掌握接纳最有效的方法是将呼吸作为工具，来打开自己，接纳不适，放下抗拒。

现在，请自然地呼吸，并观察你呼吸时的身体变化。注意每次吸气时，你的胸腔和腹部是如何扩张的，而每次呼气时，它们又是如何收缩的。接着，在你的身体中找到一个感到紧张或不适的部位。吸气时，用呼吸去打开并扩展那个紧张或不适的部位。呼气时，放下抗拒。重要的是，放下抗拒并不意味着要消除紧张或不适本身，而是指放下对紧张或不适的控制欲。呼吸几次之后，我喜欢给自己加一些鼓励或指导性的话语。以下是一个示例。

吸气……打开并扩展。
呼气……放下抗拒。
吸气……接纳。
呼气……顺从。
吸气……此刻就在这里。
呼气……放下。
吸气……我的内心可以容纳这一切。
呼气……无需在此做任何改变。
吸气……创造空间。
呼气……当你背出上述指令时，同时放松你的肩膀，舒展你的面部，分开你的牙齿，松开你紧握的手——这样做不是为了强迫自己放松，而是为了放下我们身体中的抗拒。

起初，你可能需要闭上眼睛，专注于用呼吸为内心的体验创造出空间,并放下抗拒。经过几次练习后,你将能够在睁开眼睛的情况下进行练习,即使你的注意力分散在其他事情上,比如开车或并不简单的人际互动。

愿意感受不适

建立接纳的关键在于愿意感受不适。有许多类型的刺激可能会让你不适,比如你不愿看到的事物、不愿听到的声音、觉得难闻的气味,以及你觉得恶心的味道或触感。我们将利用这些令人反感的事物来锻炼你的接纳能力,而你可以通过呼吸为不适创造空间,同时放下抗拒。

记住,痛苦 × 抗拒 = 苦难。痛苦是不可避免的,但我们可以放下抗拒,从而减轻苦难。

在日常生活中,你的大脑、眼睛、耳朵、鼻子、嘴巴和皮肤都在处理各种外界刺激。当你看到美丽的事物,如日落或彩虹,你可能会停下来欣赏。当你听到客观存在的声音,如道路噪音或电脑风扇声,你几乎都没注意到。当你闻到难闻的气味,如呕吐物散发出的味道时,你可能会捂住鼻子,尽力隔绝这种气味。

当我们通过接纳来建立心理灵活性时,如果感觉出现,我们就会更有意识地选择如何回应。这意味着我们正在拒绝自身的自动反应,这种自动反应体现在避免或者逃避我们认为不愉快的内在体验。学着接纳呕吐物的气味有价值吗?不考虑前因后果的话,不是非得这么做。而且这不是一个"不经历痛苦,就不会有收获"的练习。但如果你爱的人生病了,你有必要也想要照顾他们,怎么办?能够坦然接受内心厌恶的感觉,将使你更周到地做到这一点。而且,正如经验告诉我们的(不仅仅是因为我这么说),当你越打开自己,并允许这些感觉如其所是时,令人厌恶的感觉给你造成的苦难就会越少。

以下的练习将能够改变你与内心体验的关系。这样做能够让你从一个更广泛的行为库中选择,不再因不愿承受不适而受到束缚。你能够更自由地选择价值观。在进行以下练习时,要特别注意你逃避的冲动是什么。这些冲动就是我们选择待在舒适区的主要原因。

锻炼你的视觉接受力

首先,选择一个你觉得吸引人的视觉刺激物。你可以在家里、户外或电脑上找到这样的东西(例如,使用YouTube或谷歌图片),比如一朵花、一幅画、一只宠物或一张照片。花几分钟时间全神贯注地看这个刺激物,专注于它的颜色、材质、形状和其他方方面面的特点。同时注意你自己的感受。

接下来,选择一个你觉得不怎么吸引人的视觉刺激物。这里你要挑战一下你自己。假设有一个0~10分的讨厌程度量表,选择一个至少达到5分的事物。也许是蛇、蜘蛛的图片,或者自己的脚(自恋的人可能会这么选)。像你平时那样,去看这个刺激物,允许自己有抗拒。也许你会注意到自己的肌肉开始紧张起来,眼睛眯起来或者头转开了。注意你看这些让人不适的事物时的感受和反应。试着不要去放大你的感受。将你的不适、抗拒和痛苦感受在0~10的量表上进行评分。如果你不确定如何给痛苦评分,可以想象一下你对不适的苦恼,抗拒带来的紧张感,以及如果你的抗拒失败时你的感受。例如，当我看到长着长长的脏趾甲的大丑脚时，我的不适程度是8分。我会竭尽所能避免这种体验（皱起脸、绷紧身体、说"呃，恶心，什么鬼！"并尽可能移开视线，试图强迫自己忘记这个画面），所以我的抗拒程度是9分。我讨厌这种不适的感觉，而且我的抗拒并没有让我感觉好一些（因为一旦我看到它，无论我怎么努力都无法忘记），所以我的痛苦程度是9分。

请用下面的表格记录你的体验。

视觉刺激物	不适感	抗拒程度	痛苦程度	观察体验
脚	8	9	9	喉咙、胸部和腹部发紧； 眯着眼睛，皱着脸，发出咕噜声； 努力不把目光移开，但真的不想看

当你像往常一样，可能带着抗拒去面对那些让你感到不适的事物时，试着换一种方式去看待它。放松你的肩膀，让面部表情舒展开来。不带任何评判地观察它的颜色、质地和其他特征。用你的呼吸去打开感官并扩展因看着这个不舒服的刺激物而产生的感受。保持这种状态。呼吸，并允许你的内在体验自然而然地存在。甚至可以带着好奇心去观察这些画面和你的感受。换句话说，放下你的抗拒，练习接纳。用0~10分评估你的不适、抗拒和痛苦程度，并使用下面的表格记录你的体验。

视觉刺激物	不适感	抗拒程度	痛苦程度	观察体验
脚	5	2	2	坦然的，放松的，好奇的； 仍然不喜欢这个画面，但是不那么紧张痛苦； 能看的时间长一点

观察你在抗拒与接受时的不同体验。你的不适和痛苦程度有没有变化？你接受这种体验的意愿改变了吗？你的行为呢？

锻炼你的听觉接受力

我超级喜欢我的狗狗打呼噜的声音。它是一只法国斗牛犬，所以有时候它没睡着也会打呼噜。那声音既可爱又好笑，让我忍不住想亲亲它那张小扁脸。但如果这是从人类的口腔发出的声音呢？那还是算了吧。要是每次我丈夫或女儿咬指甲时，我靠对他们发火就能赚一毛钱硬币，那我现在肯定是世界上拥有一毛钱硬币最多的人了。而且，我经常在发火时无意识地拍他们一下，把他们吓一跳，这其实很不好。所以，我开始练习接受比利和斯嘉丽的口腔声音。你喜欢怎样的声音？它们让你感觉如何？又有哪些声音让你难以忍受？让我们来练习一下如何接受后者吧。

先从你觉得好听的声音开始。可能是一段音乐、鸟叫声，或是海浪的拍击声。花几分钟时间全神贯注地听这些声音。注意它们的音量、音调、音色以及其他方方面面的特征。放下评判，留意自己的感受。

接下来，选择一个你觉得不好听的听觉刺激物。记得要挑战一下自己。假设有一个0~10分的讨厌程度量表，选择一个至少达到5分的声音。可以是婴儿的哭声、指甲划过黑板的声音（如果你没有真实的黑板，YouTube上有很多这样的视频），或者是你无法欣赏的、无法忍受的音乐。像往常一样去聆听这个声音，允许自己有抗拒。注意你的身体反应和感受（如果噪音来自人或动物，请尽量避免攻击行为）。如果你有抗拒，用0~10分评估你的不适感、抗拒程度和痛苦程度，并记录在下面的表格中。

听觉刺激物	不适感	抗拒程度	痛苦程度	观察体验
汽车合唱团（The Cars）的歌	6	7	7	觉得恶心和讨厌；希望它快点结束；耳朵疼

现在，用接纳的心态去听。如果你在听音乐，试着分辨出每一种乐器。带着好奇心而不是评判的态度去关注声音的特质。用你的呼吸帮助自己感受所有涌现出来的情绪。当你接受一切的时候，同样用0~10分评估你的不适感、抗拒程度和痛苦程度，并记录在下面的表格中。

听觉刺激物	不适感	抗拒程度	痛苦程度	观察体验
汽车合唱团（The Cars）的歌	3	1	1	注意到之前没有留心到的有趣的乐器；能够不急着听到结束；喜欢歌里的和声

锻炼你的嗅觉接受力

别说我疯了,但我真的超爱汽油味,还有驱蚊水的味道,还有篝火的味道。去年,我买了辆电动汽车。再也不用加油确实很方便,但我还是怀念那股汽油味。可是,我也有讨厌的味道,杜松子酒的味道会让我反胃。不过,这背后的原因可是个很长的故事。很多家用和商业清洁剂闻起来都像杜松子酒,所以我总是避不开这种味道。那还有别的办法吗?接受它。所以,你喜欢哪些味道,讨厌哪些味道?我们来练习怎么接受那些你本想避开的味道吧。

首先,选一个你喜欢的味道。也许是你的小狗呼吸的味道、一朵花的味道、伴侣的古龙水味,或是宝宝头顶的味道。花几分钟时间,全身心地闻一闻这个味道。关注这个气味的各种特征。不评判,留意你的感受。

其次,选一个你不喜欢的味道。再次挑战自己,选一个你在不喜欢程度上至少能打5分(满分10分)的味道。也许是臭奶酪,你的另一半忙了一天下来的脚的味道,或是该清理的猫砂盆散发的味道。像平时那样去闻那个味道,允许自己产生抗拒。也许你会发现自己皱起了鼻子,或是把恶心的感觉都说出来了。留意当你闻到不喜欢的味道时,你的感受和举动是怎样的。用0~10分评估你的不适感、抗拒程度和痛苦程度,并记在下面的表格里。

嗅觉刺激物	不适感	抗拒程度	痛苦程度	观察体验
比利的脚	8	10	8	完全的厌恶; 讨厌到忍不住抱怨; 质疑到底哪里出了问题; 脸都皱起来了; 扭过头去,立刻躲开

在你像平时那样（可能带着抗拒）闻过之后，试着换一种方式去闻。别皱鼻子。不带评判地留意这个气味的特质。用呼吸来打开自己，并放大由这个不喜欢的气味带来的感觉。保持住。呼吸，并允许你的内在体验如其所是，甚至可以带着好奇心去对待这个气味。换句话说，别抵触，练习接纳。用0~10分评估你的不适感、抗拒程度和痛苦程度，并记在下面。

嗅觉刺激物	不适感	抗拒程度	痛苦程度	观察体验
比利的脚	5	3	3	还是一点儿都不喜欢；但是能忍受，甚至还有点好奇，这个气味有什么不同；发现他那双摩登原始人的大脚还有点可爱

留意当你抗拒和接纳时，你的体验有何不同。你的不适感和痛苦程度的评分改变了吗？你接受这种体验的意愿改变了吗？你的行为呢？

锻炼你的味觉接受力（果冻怪味豆大挑战）

2020年2月底，我那淘气的儿子突发奇想，把小石子放进了自己的耳道里。在儿科医生的建议下，我们带他去了急诊。那可是在2020年2月。大约一周后，威廉说，他吃进嘴里的每样东西都"恶心死了！"。还好，新冠病毒只是暂时让他失去了味觉和嗅觉（而且他的病情很轻微），但直到今天，他仍然是个非常挑食的孩子。当然，我们每个人对吃的喝的都有自己的好恶。如果你的营养需求已经够了，那就没有必要强迫自己去吃不喜欢的食物。但吃点自己不喜欢的东西却是锻炼你的接受力的一种好方法。事实上，这是我最喜欢的方式。

和之前一样，首先，选择一种你喜欢吃的食物。花几分钟时间，专心致志地享用这种食物。专注于食物的味道、质地和其他各种特点。放下评判，留意自己的感受。

其次，选择一种你觉得不怎么好吃的食物。我喜欢和我的来访者一起做这个练习，使用果冻怪味豆（BeanBoozled jelly beans）。网上可以买到这些豆子，而且价格不贵。这些怪味豆有各种颜色和口味。带有红色斑点的桃色豆子可能是草莓香蕉奶昔味，也可能是死鱼味。带有彩色斑点的白色豆子可能是生日蛋糕味，也可能是洗碗水味。如果你不想买怪味豆，也可以用任何你不喜欢的食物来做这个练习。像平时一样尝尝那个食物，允许自己产生抵触情绪。如果你接受怪味豆挑战，就把一颗豆子放进嘴里，留意心里的小期待——有好奇，还带着点害怕。当你一口咬下去，味道有了——如果尝到的是"好"味道，留意那种松了一口气的感觉；如果尝到的是"坏"味道，留意那种强烈的想要吐出来的冲动。第一次尝的时候，就像平时一样吐出来就好了。当你尝到不好的味道时，留意自己的感受和举动。用0~10分评估你的不适感、抗拒程度和痛苦程度，并记录在下面。

味觉刺激物	不适感	抗拒程度	痛苦程度	观察体验
果冻怪味豆	7	10	8	害怕； 一尝到死鱼味，脸就皱起来； 觉得恶心，忍不住发出恶心的声音； 吐出来

在你像平时一样（可能带着抵触情绪）吃完那种食物后，试着用不同的状态去尝试它。不带评判地留意它的口味、质地和其他特点。用呼吸来打开自己，放大那些因为吃到不好吃的食物而产生的感觉。坚持住。呼吸，并允许你的内在体验如其所是。如果你接受怪味豆挑战，就以一种开放、好奇、接纳的态度去面对你尝到的任何味道，要知道，它们不过就是怪味豆而已。换句话说，放下抗拒，练习接纳。用0~10分评估你的不适感、抗拒程度和痛苦程度，并记录在下面。

味觉刺激物	不适感	抗拒程度	痛苦程度	观察体验
果冻怪味豆	0	0	0	当吃到的是"黄油爆米花味"怪味豆，而不是"臭鸡蛋味"怪味豆，是可接受的、好奇的、感兴趣的、安心的

留意当你抗拒和接受时，你的体验有何不同。你的不适感和痛苦程度评分有变化吗？你坚持下去的意愿有变化吗？你的行为呢？

锻炼你的触觉接受力

我喜欢钱包里的钞票都是同一个朝向，按照面额大小排列整齐。我喜欢外带咖啡杯的接缝与防热护套的接缝对齐。我总是先卷左边的头发，再卷右边的。而且，我还总是把手表戴在左手腕上。如果钱放得乱糟糟的、杯子接缝没对齐、卷头发的顺序不对，或者手表戴在了另一只手上，我就会觉得不舒服，就像有什么地方不对劲。感觉不对，其实是练习接纳的一个最对的方法。

在这个练习中，你可以选择任何你日常生活中的某件事情来练习——刷牙、刮胡子、洗澡、穿衣、系鞋带、洗碗或洗衣服等。你也可以选择任何有皮肤接触的事情——戴首饰、眼镜或耳塞。对于每件事情，你都可以先从你平时的做法开始。像往常一样，一条腿一条腿地穿上裤子。如果你习惯在左手中指上戴戒指，那就这么做。留意一下感觉如何。请注意那些你平常甚至都没有意识到的感觉！

现在，来点不一样的。用一种让你感觉别扭甚至有点滑稽的方式去做。把戒指戴在不习惯戴的手指上。用不常用的手刷牙。按照不同的顺序洗澡（例如，先涂肥皂再洗头）。把眼镜倒过来戴，或者把耳塞交换着戴。享受这个过程——要玩得开心！当你觉得某件事情不对劲时，留意自己的感受和举动。注意到那种想要回到舒适方式的冲动。开始时，允许自己抗拒，并且一旦有了这种愿望，就马上回到让你感觉舒服的方式。用0~10分评估你的不适感、抗拒程度和痛苦程度，并在下面的表格中记录下来。

触觉刺激物	不适感	抗拒程度	痛苦程度	观察体验
用不习惯的方式交叉双手	4	10	4	感觉很奇怪又有点难受，想要立刻换过来，所以我就停下来，马上用习惯的方式再做一遍

现在，练习接受这种别扭的感觉。只留意你的体验。用呼吸来打开自己，放大对周围的感受。坚持住。呼吸，并允许你的内

在体验如其所是。甚至可以带着好奇心去观察你的冲动。换句话说，放下你的抗拒，练习接纳。用0~10分评估你的不适感、抗拒程度和痛苦程度，并记录在下面。

触觉刺激物	不适感	抗拒程度	痛苦程度	观察体验
用不习惯的方式交叉双手	2	0	0	允许双手保持在那个位置，只是单纯地观察并接受； 仍然感觉有些奇怪，但这种感觉随着时间逐渐消散，也没有感到任何不适

留意当你抗拒和接受时，你的体验有何不同。你的不适感和痛苦程度评分有变化吗？你坚持下去的意愿有变化吗？你的行为呢？

这些练习可能看起来很傻，似乎与冒名顶替综合征无关。但如果我说："接受你的自我怀疑和焦虑，尽情地生活吧！"你可能会觉得，这简直就是"毒鸡汤"。因为，这就像我明明知道你一天都没接受过训练，但还是对你说"去跑马拉松吧！"。但是，通过这些有趣又温和的方式来练习接受不适，就是你的训练方式。你可以从换只手刷牙开始练习，渐渐地，学会接受焦虑、自我怀疑、不安全感、恐惧、愤怒、嫉妒、内疚、羞耻，以及我们努力避免的所有其他不舒服的感觉。相信我——如果你能学会在不适中感到舒适自在，你将在生活中获得巨大的自由。

锻炼你的情绪接受力

我们还未结束。之前的五感练习只是开端。现在，是时候迎接重量级挑战——你的情绪了。正如我们在前两章中所讨论的，当你发现自己的生活与你的价值观不符时，逃避让人不适的情绪很可能是其中的重要原因。所以，让我们用不一样的方式来练习。

就像之前在五感练习中所做的那样，从一个你喜欢的感觉开始。也许可以看一部让你大笑的情景喜剧或脱口秀，或者如果你喜欢刺激（我就喜欢！），可以去坐过山车。无论你选择做什么，留意它带给你的感受，以及你如何回应这些让你很愉快的情绪。

现在，选择一个会刺激到你、让你倍受挑战的情绪。可以是观看YouTube上令人悲伤的电影片段，比如《宝贝小情人》（My Girl）、《红粉佳人》（Beaches）或《母女情深》（Terms of Endearment）中的场景。我个人最喜欢的是《马利和我》（Marley & Me）中马利在最后时刻那令人心碎的蒙太奇。你也可以看恐怖电影片段，尤其是那些有突然惊吓的镜头的（如果你极度讨厌过山车，也可以去尝试一下）。如果你困在嫉妒的情绪中，可以浏览一些你觉得比自己更成功的专业人士的领英账号（LinkedIn）的资料。如果想要体验愤怒，可以找一个你不喜欢的政治家，听听他们的演讲。选择多的是。如果你想不到，可以联系我，我会尽力帮你找到一个合适的。

第一次接触这些能调动情绪的刺激源时，允许自己抗拒，并留意这种体验。用0~10分评估你的不适感、抗拒程度和痛苦程度，并记录在下面的表格中。

情绪刺激源	不适感	抗拒程度	痛苦程度	观察体验
《马利和我》	9	10	9	立刻就想哭，但试图把这种情绪压下去； 胸口、喉咙和腹部感到绷紧了； 30秒后就把它关掉了

然后继续进行接纳练习。经过之前的五感练习，你现在应该已经相当熟练了。但请注意，熟练并不意味着感觉更好或更舒适！它意味着你正在加强自己面对不适的意愿。在下面的表格中记录你的体验。

情绪刺激源	不适感	抗拒程度	痛苦程度	观察体验
《马利和我》	5	0	0	深呼吸，保持开放和好奇，允许自己去感受，专注于爱与联结

留意当你抗拒和接受时，体验有何不同。你的不适感和痛苦程度评分有变化吗？你愿意承受的程度有变化吗？你的行为呢？

现在，将这些练习融入你的生活中。当你发现自己正在抗拒某些不适时，不要再紧握方向盘。把那些不适像羽毛一样轻轻地放在摊开的手掌上。通过呼吸，留意并允许自己感受，不必控制或压抑感受。然后，根据你的价值观，选择坚持或调整你的行为。

这创造了一个新的环境，在这个环境中，内在体验不再阻碍那些基于价值观的选择。我们思考、感受和行动，都基于它们的重要性，而不是某个想法多有说服力，或某种感受有多不适。换句话说，我们要做到FLEX法则。

F：感受情绪（feel feelings）

L：放下想法（let thoughts pass）

EX：采取有价值的行为（execute valued behavior）

学会接受不适是一个持续的终身的过程。你永远不会在某个早晨醒来，说："啊哈，我找到了！我已经掌握了接纳！我可以把它从任务清单上划掉了，继续下一个！"接纳，是你每天都需要重新开始的练习。练习得越多，接纳就会越容易。但它是一个过程，而不是终点。

改变你与想法和感受之间的关系，去观察内心的想法而不被牵制，允许感受的出现而不抗拒，这是心理灵活性的关键。

你愿意感受到什么？

喜悦和痛苦往往是一体两面的。爱，就意味着有失去的风险。成功，就意味着有失败的风险。创造，就意味着有受到批评的风险。要真正拥有尽兴的生活，你必须愿意同时体验那些你享受的感觉和那些更难以承受的感觉。为了过上你想要的生活，你愿意感受到什么？下面，以我的例子为模板，在提供的表格中写下你自己的一两个答案。

我想做什么	如果我做了，我可能会有什么感觉	如果我没做，我可能会有什么感觉
创办一个全新的，为期两天的现场研讨会	太可怕了！如果人们讨厌它，觉得浪费了他们的钱怎么办？如果它帮不到任何人怎么办？如果我失败了怎么办？但也许，我会为自己尝试过而感到自豪	失望，因为没有尝试去做一件对我来说真正重要的事情 愤怒，因为我让自我怀疑的情绪替我做了主 懦弱，因为我让自己的情绪阻碍了我

可以考虑把你的"我想做什么"写在索引卡或小纸片上，把"如果我做了，我可能会有什么感觉"写在背面。这样，如果你想把那些不适的感受抛到一边，随时可以撕掉或扔掉那张卡片。但这样做的话，你把你的梦想也一起扔掉了。

即使你按照价值观生活，也未必会感觉更好！追求你想要的东西，就意味着愿意承担风险和愿意暴露自己的脆弱。一开始，这可能会让你感到更加不适。但伴随着这种不适的，还有骄傲、活力、目的、意义和更强烈的活着的感觉。这是值得的。而且你可以做到。正如你将在第三部分学到的，和圈子里的小伙伴带着热情一起去尝试，文化价值的转变是很重要的。

本章概要：需要了解的内容

- 如果试图控制自己的感受是问题所在，那么接纳便是解决之道。
- 接纳并不意味着喜欢、想要、放弃或屈服。它意味着允许现状的存在。
- 你可以通过运用五感、改变日常习惯以及调动情绪来练习接纳。
- 接纳是一个持续的过程，而非终点。
- FLEX法则：感受情绪，放下想法，采取有价值的行为。
- 痛苦与快乐是一体两面的，要获得其中一面，你必须愿意承受另一面。

行动指南：可操作的练习

- 通过运用感官、遵循日常习惯以及激发具有挑战性的情绪来练习接纳。让呼吸成为你的练习工具。
- 考虑你想要什么，以及为了得到它，你愿意感受到什么。练习接纳这些情绪。

第三部分　活出生命的全部
（而非局限）

第十二章
在一起,我们可以:联结社群,改变世界

一个人,能做的,寥寥无几;一群人,能做的,不可胜数。
——海伦·凯勒(Helen Keller)

当我撰写《ACT隐喻大全》时,我的出版商鼓励我去参加情境行为科学协会(Association for Contextual Behavioral Science,ACBS)的年会。他们希望我和我的合著者能去那里做一场签售活动,这些参会者正是我们这本书的目标读者。当时,我的儿子刚满三个月,离开他我觉得很纠结,也觉得留丈夫一个人照顾新生儿和两岁的大儿子,心里实在过意不去。再有,一想到还要背着吸奶器从圣迭戈到明尼阿波利斯,我就一点兴致也没了。但我也很希望我的书能取得成功,所以我只能妥协,在六天的会议中挑了两天去参加。

参会的时候,有很多有意思的细节。在报到时,指示牌上写着需要根据姓氏首字母排队。其中一块指示牌上写着"F–K"(居然想得出这个)。ACT领域的大咖们穿着休闲装,还戴着有点搞笑的徽章绶带,特别萌。周六晚上的那场表演——有以情境行为科学为主题的小品、歌曲和脱口秀,太精彩了,我完全沉浸其中。那一刻,我知道,我找到了自己的职业归宿。

第十二章 在一起，我们可以：联结社群，改变世界

几年后，我想更积极地参与协会的活动，多回馈协会一些，因为协会给予我太多。那时，我已经在评选委员会任职，还加入了女性特别关注小组。但我想做一件更有影响力、覆盖面更广的事情。我决定去竞选董事会席位。尽管充满了不安和冒名顶替感，我还是提名了自己，完成了必要的个人简介和主政陈述，然后等待接下来的消息。我了解到，有一个委员会负责审查所有候选人，并从候选人池中选出两名候选人进行竞选。那一年，我没有入围。

第二年，当董事会提名的通知再次发布的时候，我的内在批评家和冒充者念头都在提醒我去年的失败。希拉警告我不要再去竞选，以免让自己出丑。她说我还不够有名，成绩也不够多，不会被考虑的。我信了。

然而，女性特别关注小组的几位同事却鼓励我再试试。她们告诉我，我足够优秀——董事会能有我是他们的幸运。我不相信自己有那么好，担心她们只是出于好意，但我还是鼓起勇气，心想也许她们真的是这么认为的。也许她们相信我，甚至在我身上看到了我自己都看不到的潜力。

来自社群的支持和鼓励给了我再次尝试的勇气。这一次，我入围了并最终赢得了选举。在我担任特别代表的任期内，我又被提名为秘书/财务主管候选人，并成功当选。

当我面对潜在的失败和羞辱，努力保持心理灵活性时，我的社群是我最坚实的后盾。有了他们的支持，我更能体现出指向勇气和坚持的价值观。我知道，即使我再失败也没关系，因为他们会支持我。

人类渴望与他人相联结，因此社群的好处——即与他人因共

同的态度、兴趣和目标而产生的志同道合的感觉——是显而易见的。在教育领域，如果教师们在一所优先考虑且看重同伴情谊的学校工作，他们会表现出更高的效能感、精神面貌、满意度和出勤率[1]。当一群人同步跳舞时，他们会感受到强烈的联结感，并表现出更高的信任度、合作性和疼痛耐受度[2]。拥有健康社群的儿童和青少年在成年后更不容易出现物质滥用问题（substance use problems）[3]。而那些感受到强烈的群体归属感的人往往更慷慨，更关心他人的结果[4]。相比之下，孤独感——一种与他人断开联系的情绪状态——的致命程度堪比吸烟。一项针对16项纵向研究的元分析表明，社交关系不佳会使人们面临心血管疾病的风险，分析还可以有力地预测发病率和死亡率[5]。

为了打造全面的职业生涯，不妨想想如何用建立社群来助你前行，尤其是当自我怀疑和冒名顶替行为露出丑恶的嘴脸时。我在推特上提出了以下问题，而推特本身也是一种社群："在自我怀疑或冒名顶替感爆发时，社群是如何帮助你在职业道路上前进的？你是如何培养社群的？"以下是我收到的一些回答。

- "我联系了几位才华横溢的作家，打算成立一个月一次的头脑风暴小组。"
  ——@DrEmilyEdlynn（幸运的是，我恰好是其中一位作家，我们的头脑风暴小组本周就要开始了！）

- "一群优秀的作家朋友组成的社群对我很有帮助！但我也提醒自己，社群对我的作品的反馈可能比我扭曲的自我认知（因冒名顶替感而导致的）更准确。"
  ——@TherapistTamara

第十二章 在一起，我们可以：联结社群，改变世界

- "哇哦，这就是VMUG（VMware用户组）的精髓所在。我们慢慢养起来的社群对我和其他人来说都非常棒。如果你想了解更多细节，请随时联系。"

——@steveathanas

- "如果（我们社群中的其他人）没有对着我说'你现在是VMUG的领导者了'，我不确定我现在会在哪里，或者会不会这么自在。"

——@RichardKenyan

我按照史蒂夫·阿萨纳斯（Steve Athanas）的建议，向他询问了更多关于VMUG群的情况。VMUG是一个在线用户组，面向使用VMware软件产品的技术专业人士。史蒂夫解释说，"VMUG群的意义远不止于一家公司的产品。"他指出，VMUG成员相互支持，共同度过技术生涯中的种种考验。史蒂夫在群里看到频繁的互动，见证了多位成员获得了他们原本以为不够格的晋升，通过了他们原本认准了会失败的考试认证，以及在他们以为永远无法面对的观众面前进行了演讲。VMUG群的成员相互帮助，意识到自己比想象的更有才华，他们分享自己的才能，帮助彼此创造性地解决技术岗位上的重大问题。

当我与畅销书作家伊芙·罗德斯基讨论社群在推动做出基于价值观的改变中所起的作用时，她指出了社群的两大好处。第一，社群帮助我们度过"易碎梦想"的阶段。伊芙讲述了桑迪·齐默尔曼（Sandy Zimmerman）的故事，她是伊芙所著《寻找你的独角兽空间》一书[6]中的一位女性人物。桑迪是第一位也是年龄最大的完成美国忍者勇士（ANW）障碍赛道的母亲。对桑迪来说，与支持她的人分享她的ANW梦想（伊芙在《寻找你

的独角兽空间》中称之为联结）帮助她克服了自我怀疑。同时，这也让她更有责任感，因此，当冒充者思维威胁到她时，她也不太可能退缩。

伊芙表示，社群的第二个好处是，拥有有担当的伙伴有助于对抗边缘化。如果你能与和你相似，或有相似人生经历的人分享经历，你就会知道自己并不孤单，会感到被认可，冒名顶替感也会减轻。伊芙自己在她的《公平游戏》原书提案被拒绝时就体会到了这一点。根据数百名和她一样处于崩溃边缘的职业母亲的共同经历，伊芙创建了她的公平游戏系统，以促进性别平等。当伊芙的提案被拒绝，她陷入自我怀疑时，她想起了那些她为之奋斗的女性——她不想让她们失望，所以她会继续前进。她还指出，知道自己并不孤单，让她更容易为某事挺身而出。如今，伊芙手握两本畅销书，多次在知名媒体上露面，甚至与瑞茜·威瑟斯彭（Reese Witherspoon）和她的 Hello Sunshine 公司一起制作了一部《公平游戏》纪录片。她将自己的成功很大程度上归功于社群。

如何培养社群

构建社群的概念可能听起来让人觉得很难，但实际上有很多方法可以实现。其中一种方法就是在你已有关系的基础上进行拓展。我大学时的室友特蕾西——当然她现在也是我的好朋友，曾是一名护士，也是一名军嫂，最近重返全职工作。她约我一起吃午饭，想向我请教如何平衡她的日程安排。我很高兴她能向我请教，这表明她认为我在这个方面做得很好。当然，她也向她的其他朋友寻求了他们擅长领域的建议。当我的朋友兼同事布莱恩在写他的第一本书时，他经常向我请教写书和出版的建议。作为回

第十二章 在一起，我们可以：联结社群，改变世界

报，我问他是否愿意为这本书提供一个例子（你可能还记得第八章中布莱恩的自我批评想法）。我们彼此的支持与付出让我们双方都感受到了同伴的归属感，尤其是在孤独的写作过程中。在你初次尝试组建专业社群时，你可以学学特蕾西和布莱恩的做法，向朋友或同事寻求他们擅长领域的建议。如果他们就在当地，你可以邀请他们一起吃午饭或喝咖啡，这样你们就可以聊聊你的目标、问题或困难，而不用担心自己是在无偿地占用他们宝贵的时间。

除了利用你现有的关系，你还可以通过多种方式建立新的关系。

- **加入专业协会。** 寻找一个协会，它的成员跟你有着共同的热情、价值观或目标。如果协会规模较大，可以考虑加入委员会、特别兴趣小组或地方分会，这样可以获得更多与会员互动的机会。
- **加入或创建一个咨询小组或智囊团。** 这些组织中的人通常具有相似的职业或目标。他们经常讨论当前的工作及生活状况、未来的目标，以及如何实现这些目标和克服障碍。彼此之间还能交流感情，互相鼓励。
- **合作。** 不要一个人写文章或者写书，找一个合著者。不要一个人开播客，看看能不能找到一个合作伙伴，对这个话题有同样的热情。你甚至可以主动提出参与撰写你喜欢的专栏，或者加入你喜欢的播客。说不定他们的工作量也大到应付不过来，正想着组建一个社群。想要申请研究资助？邀请另一个实验室一起合作。需要发表演讲？寻找一位联合演讲者。在某些情况下，合作可能意味着需要分配

收入，但也可能意味着共享资源，这也能节省资金。

- **寻找或成为导师。**一个社群，哪怕只有一两个人，也能有极大的帮助！导师可以帮助你指明一个有价值的方向，增强信心。当我与玛丽·席勒（Marie Schiller）交谈时，她很感谢她的导师们在她感觉自己像个冒牌货时，给了她继续攀登职业阶梯的信心。玛丽的职业经历非常丰富，她之前是礼来公司（EliLilly）副总裁，现在是健康编年史（Chronicles Health）的首席执行官兼联合创始人。即使她犯了错误，后果严重时，她的导师们依然相信她，也支持她。如今，她自己也是一位导师了，她努力传递这样的信息："你属于这里，你很重要，你所做的是有价值的。"成为导师可以更好地帮助他人，同时也能提醒自己你究竟了解多少、能付出多少，这就极大地增强了自信。更不用说，为他人付出还能提升幸福感[7]。

- **寻找播客社群。**如今，每个兴趣话题都有相应的播客。大多数播客都有社交媒体账号，在那里你可以与主持人或其他听众互动。一些播客还提供课程或读书俱乐部。还有一些播客会邀请你提问题，为了做节目用。我在Patreon平台上，每月向我最喜欢的播客之一"写作课电台"捐赠25美元。作为回报，我可以参加一个高价值的每周评论小组，与主持人和其他听众一起交流。这不仅让我有了归属感，还极大地提高了我的写作能力！我的个人播客《心理学家闲暇时光》每月举办一次免费的读书俱乐部活动，你可以和我们的团队以及其他听众一起畅聊心理学书籍。你也可以考虑与志同道合的同事一起开办自己的播客。即使你的播客听众不多，它也是一个与志趣相投的嘉宾、听众或联合主持人建立联系的好方式。

- **参加课程。** 无论是线上还是线下，参加研讨会和课程都是结识具有相似兴趣和目标的人的好方法——他们想学的东西和你一样！许多活动都需要与较小的小组一起学习或实践。考虑在课程结束后邀请你的同学继续与你见面，谈谈如何把学到的东西用到实际，聊聊遇到的障碍以及推进的想法。在一次 ACT 研讨会上的分组讨论后，我们组成了一个定期的写作小组，我的上一本书就是在这个过程中写成的。
- **发起聚会。** 几乎任何兴趣话题都有相应的聚会小组。想和同城养贵宾犬的人、喜欢滑旱冰的人、喜欢喝茶的人聚在一起吗？我保证肯定有这样的聚会。你可以在网上发起这样的聚会，然后决定要不要见面或者什么时候见面。
- **在社交媒体上找到你的同类。** 有时，我们都知道社交媒体会浪费时间，甚至还能让人逃避现实。但它也可以是一个你与其他专业人士建立联系的地方。在推特上，我用"写作社群"和"我在写作"这两个标签与其他作家互动，用"治疗师推特"和"心理学推特"这两个标签与其他治疗师互动。关键是要真正地互动，而不仅仅是浏览。因为我活跃在推特和 Instagram 上，我结识了很多播客嘉宾，与他们保持联系，并被邀请参加播客和智囊团。
- **组建办公室社群。** 你不必走出工作环境去组建社群，在自己的办公室里，你就可以这么做。比如，你可以尝试每月一次的读书俱乐部、欢乐时光或午餐聚会，大家可以轮流选择餐厅。

无论选择以上哪种方式，重要的是，你要清楚地知道，从实际出发，你希望从你选择的策略中获得什么。与仅通过社交媒体结识的人建立真正的联系，可能比线下见面或通过Zoom视频会议互动的人更难。而且，你的收获与付出是成正比的。在《如何一边带孩子一边过好自己的生活》一书中，埃里卡·索特谈到了父母在培养社群时投入时间的重要性[8]。她引用了堪萨斯大学教授杰弗里·霍尔（Jeffrey Hall）的研究，该研究探讨了我们需要与他人相处多久才能真正建立联系。要让一个熟人变成普通朋友，大约需要50个小时的高质量相处时间。要让这个普通朋友变成好朋友，预计需要90个小时。要成为非常亲密的朋友呢？大约需要200个小时的高质量相处时间。值得注意的是，埃里卡告诉我发短信也算相处！所以，如果你们不能面对面交流，也不用担心。只要相处是高质量的，重要的是互动，而不是方式。最近，每当我听到一首歌，让我想起我在乎的人，我就会给他们发短信。这样的社群的联结会让我们感受到一些温暖氛围。当然，你可能并不希望在职业圈中建立深厚的私人关系，但建立任何社群，让你感受到友谊和支持，都需要你的投入。如果你不确定自己需要什么，那就试试上面的一些建议，让你的经历和新的社群成为你的指南。一般来说，"做中学"比等到一切都想清楚了再行动要好得多。

深入交流

当我与玛丽·席勒进一步谈论社群、导师制、冒名顶替感和成功等话题时，她强调了亲密感的重要性，甚至在职业关系中，亲密感也很重要。她建议，识别导师或学员是否亲密的最佳方式之一，就是他们是否愿意在工作之外花时间相处，而不仅仅是解决工作上的问题。为了发展社群,她鼓励在办公室之外聚会,分享一些非工作的生活。玛丽认为信任、尊重和关心是建立心理安全感和亲密感的关键因素。她建议,要从社群中获得最大利益,就要超越"仅仅是工作熟人"的关系。

在办公室之外发展关系,并不意味着要和同事成为永远的、最好的朋友。而且,不要让"亲密"这个词吓到你。我们这里所说的是建立志同道合的情谊。这可能意味着,在抱怨难缠的客户时一起去扔飞斧㊀,或者在周末发短信聊聊去哪里做美容,但这并不意味着你要分享自己痛苦的离婚经历或童年创伤。当然,如果在某个时刻,你觉得安全和合适,那你也可以这么做。但我真正鼓励的是在工作待办事项之外,适当地拓展一下,同时仍然保持你觉得合适的界限。这里没有公式,你可以自己决定在职场中建立的关系亲密到什么程度。

如果你压根看不到可能,你还能实现它吗?

2004年,女演员吉娜·戴维斯(Geena Davis)在和女儿一起看儿童电视节目时,注意到男性角色的数量远远超过女性角色。为了在好莱坞促进更大的平等,她创立了吉娜·戴维斯媒体性别研究所,这是唯一一个与娱乐产业合作,致力于在家庭娱乐媒体中达成性别平衡,促进包容性并减少负面刻板印象的全球非营利研究组织[9]。

戴维斯还围绕她的社会运动建立了一个社群。她拥有社交媒体群组、会员计划、活动安排和工具包——一系列面向社群的丰

㊀ 指一种轻松的社交活动,用来说明人们可以和他人分享一些生活中的小乐趣或小烦恼。——译者注

富资源。由她创造的口号,"只要她看到实现的可能,她就能实现它"(If she can see it, she can be it),广受认可。"see it be it"这一话题标签也被用来强调在屏幕上呈现女性扮演各种专业角色的重要性,而不仅仅是那些强化性别刻板印象的角色。换句话说,如果女孩子们在领导层、STEM(科学、技术、工程和数学)领域、执法部门或其他传统意义上由男性主导的领域中看不到女性的身影,她们就不大可能相信自己能够在这些领域占有一席之地。对于有色人种、移民、残疾人士和其他边缘化群体来说,也同样如此。

虽然关于边缘化个体中的冒名顶替感的研究还有许多问题尚未解决,但道理是显而易见的:如果我们在某个角色中看不到或找不到与自己相似的人,那在我们敢于尝试这个角色时,就更有可能体验到冒名顶替感。卡莉·沃布尔·爱德华兹(Callie Womble Edwards)是一位在以欧洲裔男性为主的学术界工作的非洲裔女性学者,她在针对自己的人类学研究中探讨了非洲裔职业女性中的冒名顶替感和刻板印象威胁,她写道:"背景在冒名顶替综合征中起着至关重要的作用,因为女性会总结到底具备哪些特质才能让人够格成为一名真正的学者或专业人士。在与她们认为是真正的学者或专业人士比较时,女性会注意到自己在某些特质上的差距,并开始觉得自己是个冒牌货。"[10]

刻板印象威胁

刻板印象威胁(stereotype threat)描述的是一种情境,即个体担心因为属于某个被刻板印象化的群体而受到负面评判或恶劣对待。实际上,仅仅意识到负面刻板印象,就会破坏表现,削弱抱负[11]。在冒名顶替感出现时,我们感觉自己不属于某个地方;

第十二章 在一起,我们可以:联结社群,改变世界

而在刻板印象威胁中,我们感觉必须证明自己属于那里。对于边缘化个体来说,这两个截然不同但又相互关联的概念会产生相互作用,这是合乎情理的。

彻底治愈冒名顶替综合征和刻板印象威胁的方法是在组织和系统层面结束对所有被剥夺权利群体的社会压迫,我希望未来,这一切能够成为现实。然而,与其等待变革从上层慢慢渗透下来,或许我们可以先在个体层面做出改变——就像草根运动一样——当这些改变数量足够多时,就会从底层向上传递。这可能违背了重力法则,但以人类的聪明才智,都可以让重达90000磅的飞机可靠地在天空中飞翔,所以我们也许应该像那些敢于创造奇迹的人学习。换句话说,我们可以做到。我认为知识、实践、心理灵活性和社群可以是我们的起点。就像玛格丽特·米德(Margaret Mead)曾说过的:"永远不要怀疑,一小群有思想、有献身精神的公民能够改变世界。事实上,这是唯一曾经改变过世界的事情。"

"刻板印象威胁"这个词,是我从贾米尔那里第一次了解到的,他是在第二章中提到的完美主义型冒充者。对他来说,仅仅知道刻板印象威胁的存在就帮助他摆脱了一些完美主义的倾向和冒充者恐惧。事实上,实验也支持这一点。例如,一项研究表明,当参与者接受了有关刻板印象威胁的心理教育,并确信某些刻板印象毫无根据的时候,他们在数学测试中表现的不良问题便得以逆转。[12]

以下是贾米尔告诉我的:

我记得是从克劳德·斯蒂尔博士那里学到了"刻板印象威胁"这一概念,那是在斯坦福大学的心理学101课程(Psych 101)中学到的。我记得我当时想,天哪,这正是我在课堂上被

点名不得不做演讲或得到晋升时的感觉。我觉得你在这句话中捕捉到了我的感受:"他担心错误不仅会反映在他自己身上,还会让整个非洲裔社区蒙羞。"(这里写在第二章中,我在出版前让他审阅过。)在了解到刻板印象威胁这个概念后,我觉得自己有时候也可以不必做得那么完美。我肩上背负着种族的沉重负担/焦虑,所以这样也正常。所以,一旦我知道这个现象存在,当我被推到聚光灯下时,它就不那么让我紧张了。压力减少,意味着我能表现得更好。然后,慢慢地,我对自己和自己的能力都建立起信心,因为每一次成功都建立在之前的基础上,我渐渐觉得自己就属于这里,或者就值得在这里。如果我没有在心理学101课程中学到这个概念,我不知道自己会在哪里,但它确实让我感觉不必在每次尝试中都表现出色。

我的这本书的编辑是出版业中为数不多的非洲裔女性副总裁之一,她形容这个职位"既令人惊叹,又在交替的时刻带来了真正的挑战"。当你成为某个领域的先驱者或少数群体的一员时,偏见、歧视和随之而来的冒名顶替感可能是一个严峻的挑战。但你同样也会成为被"你的群体"看到的那个人——当他们看到你时,他们更有可能相信自己也能像你一样。实在太赞了。

发展社群可以培养勇气,让我们在自我怀疑和冒名顶替感中仍愿意追求梦想,同样,了解到我们是为了更崇高的目标而去努力时,我们的勇气和意愿也会被唤起。我们不必等到看见可能才能实现可能。我们可以选择成为某个领域的第一人或与少数几个人一起努力辅佐某人成为最终为他人所敬仰的第一人。我们就像一个团队一样,最终为团队赢得这一分。当然,这一切不可能一蹴而就，我们需要很大的勇气和意愿才能毫不掩饰地公开行动。然而，当我们心甘情愿地担当这样的角色时，更多像我们这样的人就会受到鼓舞而加入进来。这就带来了动力和改变。

想想美国女子国家足球队队员霍普·索罗、卡莉·劳埃德、丽贝卡·索尔布伦、亚历克斯·摩根和梅根·拉皮诺埃，她们向美国平等就业机会委员会（the Equal Employment Opportunity Commission）申请投诉，指控美国足球联合会（USSF）存在同工不同酬的性别歧视。美国女子队赢得了四次世界杯冠军和四次奥运会金牌，而美国男子队在这两项赛事中均未夺冠。然而，男子队的薪酬却是女子队的四倍。美国足球联合会与男女球员协会达成了一项协议，为男女足球队提供平等的薪酬，这成为美国足球历史上的一次重大转折。在这个重要时刻之后，美国全国女子足球联赛（NWSL）宣布成立天使城队，这是第一支由女性创立并由女性领导的NWSL球队。

甘地曾说，如果我们能够改变自己，世界的趋势也会随之改变。甘地从未说过这会一帆风顺，也从未说过我们会感到自信，或者能摆脱自我怀疑、冒名顶替感或刻板印象威胁。事实上，事情越重要，感觉就越艰难。

影响力是你的超能力

如果你愿意尝试改变自己，从而让世界也随之改变——通过尝试改变组织或系统来应对冒名顶替感，那么，你需要一些影响力。佐伊·钱斯（Zoe Chance）是一位作家、教授和研究人员，她的课"掌握影响力和说服力"是耶鲁大学管理学院最受欢迎的课程。她写了一本国际畅销书《影响力原则》（*Influence Is Your*

Superpower）[13]。我的播客联合主持人亚埃尔就影响力的话题采访过她，钱斯所说的内容既引人入胜，又有点令人惊讶。以下是一些主要访谈要点。

1. 一个共情的倾听者。 你能影响他人的最有力方式就是通过共情式倾听（emphatic listening）。钱斯建议，认真倾听15分钟，然后反馈你听到的内容。例如，你可以说："听起来你很在乎……"或"对你来说，感受到……很重要"。倾听和反馈能建立联系，培养同理心。有意思的是，即使你的反馈不准确，倾听和反馈的过程仍然能有效地滋养关系，让对方感受到被倾听。这样，说话者有机会纠正你的反馈，还能感到感激和尊重，因为倾听已经代表你的尽力尝试和足够关心，即使你并没有完全理解正确。有研究支持这点。一项针对异性伴侣的研究发现，共情的努力比共情的准确性对关系满意度更为重要[14]。通常，当人们感觉到自己被倾听时，他们会通过询问那些对你重要的事情来报之以对等的倾听。钱斯强调，倾听行为本身才是关键——你可以放下试图说服对方的念头，只是单纯地倾听。

钱斯还认为，要发挥影响力，自己也必须是可被影响的。一年多以来，我一直试图说服我的丈夫从圣迭戈搬回东海岸，但完全没效果。有一次，我们因为一件完全不相关的事情产生了分歧。通常情况下，我会变得防御性很强，并坚持己见。但这一次，我放慢了节奏，认真倾听，并且表达了我对他的感受的理解。比利成功地说服了我，我同意了他的请求。他告诉我，他从未感到如此被看见、被理解。几周后，他同意搬回东海岸。这两件事本身并没有直接关联，但我认为，比利之所以更愿意接受我想要搬回去的理由，是因为他在那次分歧中感到被倾听，并且能够影响我。在两种情况下,倾听对方都以一种强大的方式影响了我们。

2. 使用你的声音。 面对面的交谈比电子邮件、短信或社交媒体帖子更有说服力,即使使用的是完全相同的话语[15]。当我们听到他人的声音时,我们会觉得他们更聪明、更有说服力,也更值得我们同情。如果你当面提出请求,得到肯定答复的可能性会比通过电子邮件询问高出2~3倍。

3. 保持透明。 人们不喜欢被操纵的感觉,所以不要隐藏你的意图。你可以提供选项——这会让选择者有一种掌控感——同时你仍然可以通过引导他们朝着期望的方向前进而发挥影响力。例如,人力资源部门可能会将员工加入401(k)计划(养老保险制度)作为默认选项,因为这能让员工在退休时受益于该计划。员工仍然可以选择退出,但行为科学表明,默认员工加入该计划是一种非常有效的助推方法(因为大多数人不会选择退出)。同样地,当你给孩子2~3个选项让他们选择时,他们比你直接告诉他们该做什么更有可能服从。当人们感觉自己被命令做什么时,他们往往会做出完全相反的事情。这种现象如此常见,以至于它甚至有一个名字:心理抗拒(psychological reactance)[16]。

这三项技能也让我想到了"召集人"(calling people in)而不是"指责人"(calling people out)。当我们被指责时,我们会感到受到攻击、陷入困境、被欺负或被误解。这会导致我们的防御性更强,而不是对被影响持开放态度。当人们对于意图开诚布公,且能让我们感觉到被倾听和被理解时,尤其是当人们能够和我们面对面交谈时(与仅仅阅读社交媒体相比),我们会感觉自己被"召唤"了,并且更渴望考虑改变。

如何使行为更有可能发生

在她的 TEDx 演讲《如何让一种行为变得令人上瘾》（How to Make a Behavior Addictive）[17]中，佐伊·钱斯（基于托尼·罗宾斯的研究）识别出极大地影响一种行为是否会持续发生的六种人类需求。

1. **意义**：作为人类，我们需要感到我们的存在和我们的行为是有意义的。
2. **确定性**：在我们的内心深处，我们渴望安全、保障，以及确保我们的需求和期望会得到满足的知识。
3. **不确定性**：矛盾的是，我们还渴望新奇和多样性。间歇性强化（Intermittent reinforcement）（就像彩票中奖给你的那种）比一致性强化（consistent reinforcement）（就像自动售货机在正常工作时给你的那种）更能维持行为。
4. **联结**：我们需要彼此才能生存和发展。
5. **成长**：我们希望有一种"正在前进"的感觉。
6. **贡献**：我们渴望感到我们正在为他人做出贡献，而不是只为了自己。

钱斯给出了两个例子，前一个符合这些人类需求，后一个不符合：快闪（flash mobs）和摩托车头盔。一方面，骑摩托车时戴头盔只涉及人类对确定性的需求——这通常不是人们骑摩托车时所追求的特质！因此，人们不太可能自愿选择戴头盔。于是，这种行为需要受到法律的约束。另一方面，快闪涉及这六种人类需求，尽管这些需求看起来有些傻，也好像没什么意义，但它们还是非常受欢迎。

第十二章 在一起，我们可以：联结社群，改变世界

　　这与冒名顶替感有什么关系呢？正如我们在本章开头讨论的那样，作为个人，我们可以通过建立社群来互相支持，有勇气去完成困难的事情，即便有时心里觉得自己像个冒充者。我们也可以展现出一种"即使看不到也要做到"的意愿，这样其他人就会看到并更有可能相信他们也能做到。如果我们有勇气，尝试使用钱斯教给我们的工具来实际影响组织文化，会怎样呢？根据钱斯的说法，员工的参与程度和热情程度的最大预测因素是他们感到自己正在取得进步（这满足了人类对成长的需求）。如果一个组织机构优先聘用、晋升和保留女性、移民和残疾人士等，那么积极成为它的一分子，当然是一个成长的例子。它也会满足人类对意义、不确定性、联结和贡献的需求。也许我们可以开始与当权者进行对话——倾听共情且没有隐藏的目的——然后使用我们的声音提出建议或计划，发展这六种人类需求，作为优先考虑边缘化群体的包容和发展的一种方式。如果我们是当权者，我们可以带头提出同样的想法。久而久之，我们所做的任何努力，让人们坐在他们历史上从未被邀请的桌子上，都可以有效地减少这些群体中的冒名顶替感和刻板印象威胁的体验。他们将渐渐不再质疑自己是否属于这里，反过来，他们也不再觉得有必要去证明自己属于这里。

　　重要的是，我们提出的解决方案需要对组织有吸引力。根据组织心理学家亚当·格兰特的说法，如果人们不喜欢某个解决方案，他们就会忽视一个问题[18]。被认为具有限制性的建议计划可能不如被视为增加利益或目的的计划更受欢迎。承认问题的复杂程度对于实现变革也很重要。承认组织和系统偏见是难以解决的复杂的问题，这么做并不会吓跑你的同事。事实上，格兰特认为这会让你显得更有可信度，甚至可能激发他们的好奇心，使他们

更有可能一起与你合作。

　　拥有一个社群可以提升你的自信，并增强你勇敢走向新方向的意愿，即使在你之前，很少有人占据过那个特定的空间。我们可以一起培养有影响力的完整的职业生涯。学会自我同情也可以帮你铺平道路。

> **本章概要：需要了解的内容**
> - 人类渴望联结，社群的好处显而易见。
> - 有多种方式，无论是通过现有的还是新的关系，都能发展社群。
> - 在边缘化的专业人士中，冒名顶替感与刻板印象威胁相互作用。
> - 即使你看不到，你也绝对可以做得到。
> - 要想有影响力，就要倾听，用你的口头表达（而非书面文字），并保持透明。
> - 人类有六种基本需求，这些需求使一致行为更有可能发生：意义、确定性、不确定性、联结、成长和贡献。
>
> **行动指南：该做些什么**
> - 从本章的建议中选择一种策略，开始培养更强的社群归属感。
> - 思考你如何能影响你的工作文化，使其更加包容。

第十三章
自我同情

你已经被自己困住一辈子了，为什么不改善与自己的关系呢？
　　　　——维罗尼卡·图加列娃（Vironika Tugaleva）

萨拉·施莱尔（Sara Schairer）结婚三年的时候，她的父亲在晨跑时被一辆卡车撞到，不幸身亡。两年后，她的女儿汉娜出生了。沉浸在父亲离世的巨大悲痛中，又要适应新妈妈的角色，生活对萨拉而言并不容易，但萨拉的婚姻似乎扛住了这场风暴。至少她是这么认为的。然而，在汉娜快满一岁时，萨拉的丈夫扔下了一颗重磅炸弹：他想要离婚。他心意已决，拒绝尝试夫妻咨询。萨拉的生活支离破碎。几个月里，她一边独自处理离婚事务，照顾孩子，一边在努力撑起自己的生活。直觉告诉她，她必须要将悲痛转化为有意义的事。

在照顾汉娜的日子里，萨拉常常在汉娜午睡时观看《艾伦秀》(The Ellen De Generes Show)。每期节目的最后，艾伦都会说出她那句标志性的结束语——"彼此善待"。她采访了作家、治疗师兼励志演说家韦恩·戴尔（Wayne Dyer），他谈到了关怀的力量足以改变世界。这让萨拉印象深刻。那天晚上，她有了一个愿景，要为之努力。她看到了"compassionate"（同情心）这个词的新形式:"compassion it"(付出同情)。发音相同,但她将名词变成了动词。在接下来的三年里,萨拉将她的这句话付诸行动。她每天都在关怀自己和他人。"名词动词化"让萨拉在痛苦中经历了一次强大的转变。

萨拉最初通过制作车贴和手环来传播"compassion it"的理念,但她想做些更有影响力的事情。她申请了一个斯坦福大学的同情与利他主义研究与教育中心(CCARE)为期一年的培训项目,还被录取了,之后成了一名认证的同情培育训练师。最初,萨拉也会有冒名顶替感。她们小组中的大多数人都拥有心理健康专业执照,而她之前的专业是市场营销和销售。她经常想:"我凭什么觉得自己有资格做这件事?"但她用自我同情来克服自我怀疑和冒名顶替感,这让她可以勇敢前行。她告诉我,她的冒名顶替感给了她"一种谦逊和初学者心态",这激励她不断学习。当她开始向他人传授有关同情的概念时,她感受到,传播"付出同情"(compassion it)的理念就是她的使命。随后,她成立了一个全球性的非营利组织并引发了一场社会运动(www.compassionit.com),其使命是通过教育和倡议宣传,来鼓励全世界的人都能产生富有同情的行为和态度。最近,她还出版了自己的第一本书《同情的案例》(*A Case for Compassion*)。

她最初的哀伤、崩溃、抑郁和迷惘最终升华成了一份完全由激情驱动的职业。萨拉不仅在全球传播同情,她个人的实践也帮助她在人生和职业上蓬勃发展。这些方法也能帮助你。

第十三章 自我同情

自我批评

你的冒充者念头可能只是你内心众多自我批评的念头中的一个，它们都是"我不够好"的具体而生动的版本。正如我们在第七章中讨论的，这种内在批评家本意是为了帮助或保护你——也许是为了让你保持警惕，避免自满，或者保护你免受失败或羞辱。但它做得并不够好。当大脑感知到威胁时，它们会做出反应以确保你的安全。当感知到身体危险甚至社交威胁时，要么战斗，要么逃跑，要么僵在原地，你对这样的反应套路已经很熟悉了。我以前住的地方经常出现蛇和郊狼，当我遇到它们时，我肯定会立刻朝反方向逃跑，危险才能解除。当你遭到伴侣或朋友的言语攻击时，你可能会采用防御性反击。你的大脑也会以内在批评家的形式做出同样的反应[1]。区别是，你反击的对象是你自己。

如果你在考试、面试或演讲中表现不佳，你的大脑会把它看作一种威胁："哦不，我失败了，要是我永远进不了研究生院，或者被解雇怎么办？"当你的"战斗或逃跑"的反应系统启动时，你会思考：我该往哪里去？我要和谁战斗？事实证明，我们常常将这种反击转向自己："我怎么会这么愚蠢？我太懒了，没有好好准备。我活该失败。"从神经生物学的角度来看，这是有道理的，但与逃离蛇和郊狼不同，与自己战斗并没有什么好处。事实上，研究表明，自我批评是一种不适应的防御机制[2]，会导致表现不佳，并放大无价值、自卑和失败的感觉[3]。例如，在两项前瞻性研究中，调查自我批评对学术、社交和健康相关目标的影响，结果表明，较高的自我批评水平与较低的目标达成率相关[4]。

在第八章中，我们讨论了你可以如何积极改变与内在批评家的关系，从而不再阻碍你追求全方位的生活和事业。退后一步，带着超脱的好奇心去观察你的想法，会创造出一个新的情境，让你更容易选择自己的价值观。你也可以用自我同情来回应你的内在批评家，也可以达到同样的效果。

自我同情

如果一位朋友或同事因为最近的工作表现不佳而向你倾诉，你会回应说"你怎么这么笨？你活该失败"吗？如果真是这样，我敢肯定你没什么朋友。直觉会告诉你，当你在乎的人处在痛苦中时，说这种话既不妥，也没用。我的播客搭档和我经常互相发短信，内容像这样："在采访中我感到精力充沛，但我觉得自己像个表达不清的外行。"我们也会像这样回复对方："这感觉太难了，但我们总是把自己批得最狠！我敢说，你听起来没有你想象的那么像外行。我敢打赌，你听起来很能引起共鸣。"换句话说，我们给予对方认可和善意。那么，用同样的方式对待自己会是什么感觉呢？

根据心理学家、同情聚焦疗法的创始人保罗·吉尔伯特（Paul Gilbert）的说法，同情意味着意识到自己和他人的痛苦，并承诺采取行动来缓解这种痛苦。同情可以流向三个方向：从你流向他人，从他人流向你，以及从你流向自己[5]。从你流向自己的同情就是自我同情，它是一个多维度的构想，包含三个部分[6]：

- 觉察痛苦（vindfulness of suffering）
- 共同人性（common humanity）
- 自我仁慈（self-kindness）

我们可以学会觉察当下的痛苦（觉察痛苦），认识到我们并不孤单（共同人性），并用善意对待自己（自我仁慈），而不是自我批评或将此作为对自我批评的回应。在逆境时期，比如当我们处在愤怒和自我怀疑中时，这尤其有帮助。

你所面对的面孔

想象一下学会用同情对待自己的力量——就像你可以很容易就去关心你在意的人那样，去给予自己善意。请你回想一个你深爱的人。想象你深情地注视着这张可爱的面孔，感受你们之间深深的爱意。也许是你的孩子、伴侣或祖父母。想象他们说："我感觉自己真的很不完美，自己不够好。如果人们看到真实的我，他们就会拒绝我、抛弃我。我知道，我随时都可能被拆穿，因为我就是一个失败者。"花点时间充分地去理解他们的痛苦，让他们知道他们并不孤单，因为也许你也处在类似的痛苦中。试想你捧起他们的脸，看着他们的眼睛。在这一刻，你会对他们说些什么来表达真正的善意呢？你不需要说服他们改变想法。尽管说服对方可能是出于好意，但实际上，这样做可能让对方感到被否定。相反，你可以试着说："我在这里。这种感觉的确很痛苦。你并不孤单。你是有价值的。你是被爱着的，你现在的样子就很好。"现在闭上眼睛，深吸一口气，想象你所捧着的是你自己的脸。看着自己的眼睛，看到那里的伤痛，对自己说："我在这里。这种感觉是很痛苦。我并不孤单。我是有价值的。我是被爱着的，我现在的样子就很好。"

有时，人们在刚开始练习对自己友善时，可能会觉得有点别扭或做作。但研究表明，自我同情与更大的乐观主义（optimism）[7]、韧性（resilience）[8]、个人主动性（personal initiative）、积极情感（positive affect）[9]、社交联结感（feelings of social connectedness）[10]以及更高的整体幸福感和生活满意度[11]有关。自我同情甚至可以抵御社会比较（social comparison）[12]和低自尊（self-esteem）：自尊是不断波动的，依赖于社会比较——也就是说，要拥有自尊，我们必须相信自己比别人更好[13]。自我同情则不同。它几乎是相反的，因为它关注的是与他人的联结——我们认识到我们都在经历痛苦。事实上，"compassion"这个词的词根是"与……共同受苦"（to suffer with）。

你可以把自我批评与自我同情想象成一对截然相反的老板，一个像噩梦（1号老板），一个如圣人（2号老板）[14]。假设你向这两位老板汇报工作，他们给你布置了一个很难胜任的任务。每位老板都给你反馈。1号老板说："你怎么连这个都做不好？你都爬到这个位置了，应该知道该怎么做。你得振作起来！"2号老板说："我看得出来这对你来说很难。你需要哪方面的支持？第一次我们可以一起努力，这样你下次就能更有经验了。"很明显，如果你可以选，你一定会选择2号老板——一个更有可能助力你长期职业成长和发展的人。但当你和自己说话时，你更像谁？大概率是1号老板。1号老板是个没有领导力的人，不会促进你的成长、激发你的动力或表现。培养自我同情，就意味着培养自己内心的2号老板。

请注意，在这个例子中，2号老板并没有让你逃避责任。自我同情常常被误解为逃避责任。有时，当人们第一次了解到自我同情这个概念时，他们会担心自己放松对自己的要求，因为他们误将自我仁慈等同于不让自己承担责任。但事实远非如此。请注意，2号老板并没有说："哦，算了，别担心。做得不好没关系。"他们仁慈地提出了一种前进的方式，这种方式可以促进发展，并激发动力和成功。

充满同情的信件[15]

詹姆斯·佩内贝克（James Pennebaker）自20世纪80年代以来一直在研究通过书写记录情感体验的强大治疗效果[16]。我们将参照他的日记，一起做一个写信练习，帮助你培养对自己的同情。虽然你可能会想"我只要对自己好一点就行"，从而跳过这个体验性的练习，但我想鼓励你在这里停下来，花点时间认真参与。我的来访者和我都发现这个练习非常有效。只要几分钟，你就能学会练习自我同情，而且从长远看，这能一直帮助你。对你来说，现在也是一个"选择时刻"。那么，此刻你想成为怎样的自己呢？现在，请花一分钟时间，拿一支笔和一张纸，手写这封信肯定会比在电脑上或手机上打字更有影响力。从"亲爱的（你的名字）"开始，针对以下四个提示，写四个简短的段落，不用担心拼写、语法是否正确或页面的整洁。如果你喜欢，你也可以只列出要点，但一定要把你的回复写出来。

1. 用第二人称（即"你"）写下你脑海中所有自我批评的想法，包括你的冒充者想法。要知道觉察到自己的痛苦，是练习自我同情的第一步。例如，我的信可能会这样写："亲爱的吉尔，你很平凡。你普普通通。你没有任何特别之处。别人都比你好。你取得的任何成功都是因为运气、别人的帮助，或者让别人误以为你有能力。很快，他们就会发现你并没有那么聪明或那么有能力，到时候你的伪装就会被拆穿了。"

2. 当你的内在批评家和冒充者念头出现的时候，迅速地记下来，还包括可能触发它们的原因。最好有因此而被边缘化的经历。这种放大的觉察和理解有助于提升自我仁慈。例如，我的信可能会这样写："你觉得自己在高中时很厉害，因为你的成绩排在班级前5%，还是学生会主席。但后来有个老师说你是马大哈，结果你被你最喜欢的两所大学都拒之门外，只能去一所普通的州立大学。为了有机会读博，你又从另一所普通的州立大学拿到了硕士学位。当你靠父亲与系主任的关系，被一所竞争激烈的研究生院录取时，冒名顶替感彻底爆发了。那时，你最害怕被拆穿是个冒牌货。"

3. 如果你问你内心的冒充者/内在批评家，它试图为你做什么——它想如何帮助你或保护你——它会怎么说？你怎么知道自己并不孤单？（参照第二步：共同人性）例如，我的信可能会这样写："也许这个冒充者念头在努力地让你保持警觉——不让你自满，因为它知道你有能力做出更大的成绩。也许它想保护你免受失败和羞辱。你并不孤单，几乎每个人都有一个内在批评家，70%的人都有冒充者念头。连玛雅·安吉罗和梅丽尔·斯特里普都觉得自己是冒牌货！我们都在面对同样的问题。"

4. 想一个或真实或虚构的人物，他在你的心目中是富有同情心的代表。这个人非常了解你——你所有的优点和缺点——并且完全接纳你。他们能懂你。如果他们读了你的信的第一段，他们会对你怎么说？（参照第三步：自我仁慈）我的信可能会这样写："你的痛苦并不孤单，不确定自己是不是足够好是一种普遍的人类挣扎（再次强调共同人性）。你在很努力地为这个世界贡献自己的力量。心理治疗、写作、播客和演讲，你通过这么多方式分享，都是为了帮助他人。为了接触到更多的人，你一直在走出自己的舒适区。你可能觉得自己并不特别，也没有像别人那样产生巨大的影响，但你正在尽自己最大的努力去改变。即使是很小的改变，也很重要，这就足够了。你已经足够好了。"

现在，签上你的名字，再慢慢地把这封信通读一遍。把它放在一个你随时都能看到的地方。把它当作练习自我同情的三个要素的模板，即觉察痛苦、共同人性、自我仁慈。

同情的流入

最近，我问一位来访者关于亲密关系的问题："当你的另一半主动提出帮忙时，你会怎么做？如果他主动给你端一杯咖啡，或者让你坐下，他来洗碗，你会怎么办？"我的来访者含着泪回答："我会告诉他，'不用了，别担心，我自己能搞定，谢谢。'"关于这泪水，我问她："这个问题让你流下了眼泪，你心里在想什么？"她仍然含着眼泪回答："我知道你要说什么。我总是抱怨自己感到孤独，没有人支持，好像我要独自应对一切。但当别人真的主动来帮我的时候，我却真的真的真的很难接受。我也不知道为什么这么难。"她是对的，这正是我想引导她思考的方向。我请她留意那些充满同情的举动——当有人注意到她很辛苦，给她共情，并向她伸出援手时——以及她对此的反应。在下一次咨询中，她分享了三个观察结果：她常常都没意识到别人在向她表达善意；当她意识到时，她会感到脆弱和内疚，所以她通常会用拒绝来缓解这些情绪；当她需要帮助时，她几乎做不到开口请求帮助——因为开口请求帮助会触发她的极度内疚、脆弱和被评判的恐惧。

通常，从你流向他人的同情是最容易感受到的，尤其是当这种同情流向的是你关心的人时。正如我们在前文中讨论的那样，从你流向你自己的同情——也就是，自我同情——可能更具有挑战性。同样，允许来自他人的同情流向自己也很有挑战性。

同情的阻碍与"五个A"

我采访了《持久的联系》(The Lasting Connection)一书的作者,心理学家米凯拉·托马斯(Michaela Thomas)博士。她将那些阻碍同情流入的内在体验称为"同情的阻碍"。例如,请求帮助的阻碍可能是害怕被拒绝或害怕亲密——作为回应,一个人可能会提高警惕,以避免不舒服的感觉和他所害怕的结果。她指出,这种情况可能发生在来自任何人的同情流动中,无论是爱人、朋友还是同事。

在她的书中,托马斯博士推荐了"五个A",以克服阻碍,让同情流入[17]。

1. 觉察(Awareness):练习留意别人向你表达的善意。同时,注意由此产生的抗拒情绪。

2. 认可(Acknowledgment):承认善意的行为。一旦你意识到有人向你伸出援手,而你可能错过,你可以改过来,试着说"我看到你在我头痛休息后,帮我洗了碗"或者"我注意到你把车停在另一边,这样我拿着垃圾桶经过时会更方便"之类的话。

3. 接受(Acceptance):接受同情流入时会产生的不适感。运用你在前几章中学到的技能,放大并接纳自己的感受以及他人的善意。

4. 感激(Appreciation):表达对他人帮助和善意的感激之情。例如,"我真的很感激你每天早上为我煮咖啡"或者"当你倾听我的倾诉并肯定我的感受时,这对我来说很重要"。

5. 请求(Asking):如果你从小被教育要成为一个"坚强的男人"或"超级女人",要能够独立自如地应对一切,那么请求帮助大概会让你感到害怕。从小事上开始练习请求帮助,并运用你之前学到的技巧，观察并摆脱那些毫无益处的心理叙事。

改变是困难的，但重要的、巨大的转变都是从小的变化开始的。无论是让同情流入、练习自我同情、愿意去观察和放下想法，还是做出符合价值观的选择，我们不能等到感觉轻松了才开始行动。我们在第八章讨论了"差距陷阱"，即你因为感知到的在知识、经验或专业能力等方面的差距而陷入困境，无法前进。不要因为你觉得自己在接受来自自己和他人的同情流入的能力有差距，就陷入自我批评或逼迫自己独自承担一切的困境。如果你从现在开始练习表达和接受同情，最终一定会感觉更自然。有关神经可塑性的研究表明这是真的[18]。

把它想象成培养一个好习惯。随着你重复的举动，习惯的效果会得到加强。随之而来的是，你的自我形象开始改变，并最终塑造新的自我[19]。与其被贴上一个"我不是那种会练习同情的人"的标签，不如定期练习同情，你会开始以不同的方式看待自己。

虽然我们到目前为止讨论的ACT过程包含了一些同情的元素——接受意味着接受你自己和你的经历，正念教会我们放下评判，观察想法帮助我们摆脱自我批评，价值观引导我们将个人看重的事情放在首位——但自我同情的练习和允许同情流入还有自身额外的好处[20]。在不止一项研究中，自我同情是ACT治疗结果[21]的重要中介因素。换句话说，参与者在ACT中的改善程度在很大程度上受到自我同情的影响。我鼓励你将同情的练习纳入你不断扩展的心理灵活性工具库中。在最后一章中，我们将回顾你学到的工具，并讨论如何继续前行。

本章概要：需要了解的内容

- 同情的三个流向：从你流向他人，从他人流向你，以及从你流向自己。
- 自我同情的三个组成部分：觉察痛苦、共同人性和自我仁慈。
- 自我同情是比自我批评更有效的行为动机。
- 通过践行"五个A"克服同情的阻碍：觉察（Awareness）、认可（Acknowledgment）、接受（Acceptance）、感激（Appreciation）和请求（Asking）。

行动指南：该做些什么

- 想象练习：想象自己向一个你关心的人表达善意，然后想象那个人就是你自己。
- 写一封同情信：给自己写一封充满同情的信。

第十四章
继续前行

> 对于那些指指点点、满嘴抱怨和贩卖恐慌的人来说，最忌惮的就是我们这些不怕失败的人，因为我们懂得如何从失败中汲取成功经验。
>
> ——布伦妮·布朗（Brené Brown）

在芝加哥南区长大的米歇尔·罗宾逊（Michelle Robinson），每天需要乘坐多趟公交车往返于她的特许高中，每天的通勤时间一共三小时。她是个佼佼者——成绩优异，入选美国国家荣誉协会，还担任毕业班的财务主管。她希望自己可以考上普林斯顿大学。当她和学校升学顾问说起她的高考志愿时，顾问自鸣得意地笑了，并说："我可不确定你是不是普林斯顿的料。"这句轻蔑而居高临下的话，其实是有可能导致米歇尔自我怀疑的——这会让她降低自己的期望和目标。但米歇尔并没有让一个人的无端看法改变她对自己的看法，相反，她去向她一直信任也一直相信她的邻居、助理校长琼斯先生寻求支持。琼斯先生为她写了一封推荐信，这封信连同她的其他申请材料，起到了决定性作用：她被普林斯顿大学本科录取，后来又被哈佛法学院录取。

如今，米歇尔已经可以与世界上最杰出的人士们谈笑风生了。这些伟人们都曾被人用激烈和公开的质疑和指责来不遗余力地处处打压。米歇尔学到的是，唱反调的人永远不会消失，但最成功的人都学会了与杂音共存，并依靠一路上遇到的支持者朝着自己的目标继续前行。米歇尔从未回到高中告诉那位升学顾问，她确实是普林斯顿的料——她意识到，她无需向那个女人证明什么，只需要面对自己。

现在，到你了。你已经读完了十三章，掌握了一套新的知识和技能。你学会了构建心理灵活性的各种方法。你明白了，你的想法和感受并不是你的敌人，试图逃避或控制它们才会让你陷入困境。你学会了改变与这些内在体验的关系——接纳自己的感受，观察自己的想法——这样你就能自由选择与价值观相符的行动，这些行动逐渐叠加，就能构成一个全方位、不设限的职业生涯。你也了解了自我同情的好处，以及发展社群的价值。

你的痛苦和挑战永远不会消失。它们只是我们人生的一部分。你注定会遇到唱反调的人——就像米歇尔的升学顾问，或者你的内在批评家和冒充者念头——但你现在有了管理它们的工具，可以应对它们所触发的一切，并继续追求对你来说最重要的目标。

心理灵活性的终极探索之旅

让我们通过最后一个例子，来看看当我面临一个职业机会时，是如何运用自己的心理灵活性技能来应对随之而来的巨大的不安、自我怀疑和冒名顶替感的。你可以将这个过程看作一个模型，看看你所学到的一切在特定情境下可以如何运用。我将带你走进我的内心世界，分享我当时的感受、想法，以及我是如何应对（或不去应对）的。

当我的朋友兼同事林恩在脸书（Facebook）上看到艾莉森（Allison，一位为非营利组织筹集资金的女性）的帖子并联系了我时，我点击了链接。我之前与非营利组织或筹款没有交集，但这勾起了我的好奇心。原来是一个TED演讲的申请，而且截止日期就在当天。这可是我的职业梦想，而且是排在人生清单第一行的那种梦想。

我能行吗？我有"一个值得分享的想法"吗？嗯，申请一下也没什么大不了，反正他们说，前几次申请一般都会被拒绝。不如就当作第一次被拒绝吧。

我记得申请的那天是周一。艾莉森要求我提交一个五分钟的视频试镜，她希望在周五前收到。然后，三天，至少十一次录拍，我一个人坐在电脑前，开着环形补光灯，在Zoom完成了录制，终于把文件发给了她。再然后，那天下午，我收到了邮件："欢迎加入TEDxLenoxVillageWomen！"。线上演讲活动确定在四周后举行，而最终视频需要在两周内提交。

我到底是怎么得到这个机会的？肯定是因为她收到的申请不多，所以交了申请的人都被录取了。疫情期间，我胖到一个人两个大，双下巴都多了几层，现在，我还要在TED视频里永远留下自己这样的形象吗？我觉得我做不到。不过，反正也没人会看，所以体重问题大概也不重要。

可恶！希拉（我的内在批评家）又开始嚷嚷了。她很久没这么活跃过了。你特别意外地得到一个机会，可以实现自己最期待的职业梦想，那么你的内在批评家绝不可能什么都不说的。我问自己"奥普拉会怎么做？"（WWOD）以及"奥普拉会怎么说？"（WWOS）。

安静点，希拉。我能行。我知道你是在关心我。你不想让我丢脸，不想让我失败，不想让我出丑。这对我们很重要。但勇气、意愿、脆弱和不设限的生活，对我同样重要。奥普拉就会做这个演讲，她不会让自己的不安全感妨碍自己。如果她知道我在纠结，她会告诉我："吉尔，身体的胖瘦并不代表你——你有想法要分享，那就去做吧。"

我准备好了整个演讲。我买了一件鲜艳的红色衬衫，搭配了一双豹纹高跟鞋，因为我不想因为自我怀疑而躲起来当个小透明。我雇了一个视频制作人来帮我制作一个专业的视频，因为正处疫情期间，活动不可能在TED舞台现场举行。我甚至买了一块红色的圆形小地毯，这样，我站在上面时，就能感觉自己是在做一场真正的TED演讲。我和视频制作人埃兹拉（Ezra）在长滩的一个很前卫的工作室见面。那里有裸露的砖墙和原生态的硬木地板，整个空间都透着一股自信——如果一个空间都能自信的话，但我却没有被那份自信感染。

尽管我的观众只有一个人，但我的手还是在不停地颤抖，呼吸也很急促。我用提词器录了一遍，然后又按照埃兹拉的指导录了几遍。

他肯定不喜欢。因为他听完后什么也没说。我在电话里将内容讲给朋友听时，她们也同样不置一词。只有比利说了几句好话。但我肯定他这都是套路。作为老公，他总要给老婆点安慰吧。天哪，糟透了。

谢谢你，希拉。我得提醒她我们为什么要这么做——为了我们的价值观。

我们的使命是让更多的人学会心理灵活性技巧，去触达那些可能没有资源或不愿去看心理治疗师的人。即使失败了，没人看，或者看了也都是吐槽或批评，我们仍然以勇气和意愿去实现这一使命。

我正视了自己的感受，提醒自己这是每个人都会面对的，还对自己表达了善意。

这很可怕，但你并不孤单。你能行。

几天后，埃兹拉把剪辑好的视频发给了我。我立刻点开来看，既紧张又兴奋。我不确定这个演讲到底好不好，我想没人喜欢看到自己在视频里的形象吧。

天哪，你看起来好胖，小胖子！你为什么不把衣服塞进裤子里？你的演讲只有十一分半钟——真正的TED演讲者都会说足十八分钟。我的观点也太老套了。如果有人看的话，他们肯定会想："就这？这些都听过，没什么新东西。"你现在还来得及退出。你别这样羞辱自己了。

我唱起了Ready for the World这首歌的副歌的第一句："哦。哦，希拉。让我爱你直到晨光来临。"我提醒自己，如果我这么恐慌，那就说明我正走在该走的路上。那支明亮的红色霓虹箭就在这里，它正指着这个方向，指向真正重要的东西！我再次告诉自己，我能行。如果这个演讲能触动哪怕一个人的生活——或者只是让他的哪怕一天变得更好——那我就实现了自己的价值。即使这是一场彻底的失败，我也亮相了，我也勇敢地迎接挑战了，我做了TED演讲！我能行。

在和埃兹拉进行了几次小的来回修改后，我把视频发给了艾莉森。希拉（我的内在批评家）仍然没有放弃。不是在发完视频的时候，不是在活动面对大约100名观众举行的时候（平台达到了人数上限，不允许其他人参加，这既让我失望也让我松了一口气），也不是在TEDx YouTube频道发布演讲的时候。

把自己暴露在大众面前让我感到非常害怕。我接纳了这种害怕。我感到无比脆弱。我用呼吸来放慢节奏，打开心扉，全然接受这种体验。我提醒自己，要轻松地看待结果——我能控制的只有选择站出来，并按照自己的价值观采取行动。然后我开始分享这个演讲。我在推特、Instagram、脸书和领英上分享了它。我因为害怕演讲不受欢迎而感到难受，预感到分享之后如果无人回应，我一定会很痛苦。我知道很少会有人直接说："那太烂了。"但没有回应应该就证实了这一点。因为当人们喜欢某样东西的时候，他们会说出来。

希拉又开始了，这次她说："你太爱吹牛了。你以为你是谁啊，就敢这样推销自己？你在让自己出洋相。"

在写这一章的时候，这个演讲在YouTube上的观看次数已经超过了4000次。它没有引发病毒式的传播，也没有让我一夜成名。但它也没有完全惨败。我收到了一些反馈，有一些人告诉我这个演讲对他们来说多么有意义，多么令人难忘，他们打算与别人分享。我甚至收到了一条"麦克风掉落"的评论和一个"惊呆了"的表情符号。这些对我来说意义重大。我做的一切就是为了他们和我自己。

我做到了。过程很痛苦。但这一切如此值得。当我回看自己的演讲时，希拉也和我一起看，指出我应该改进的地方——那些我看起来僵硬或听起来不真诚的地方。希拉还批评了我的外表。但是，那个"我"，那个与希拉分离，不受她束缚的"我"，可以平静地看着屏幕上的那个女人，就这么穿着鲜艳的红色衬衫和豹纹高跟鞋。"我"看到她的勇气，她的意愿，她朝着自己想成为的那个样子迈出的巨大一步。当她结束演讲，点出这一刻"我"就存在于当下时，我想，在那一刻，她就是我想成为的那个"我"。她努力地践行了自己所倡导的价值观。这是一件非常值得骄傲的事情。

坏消息

二十多年来,我一直在实践接纳承诺疗法,培养心理灵活性,但我内心那个爱挑剔的冒充者念头依然存在。记住,心理灵活性并不是要控制你的想法和感受。它是指按照你最深切的价值观去活出生命的全部——成为你内心最渴望成为的那个"我"——同时带着这些想法和感受一路前行。当你追求你想要的、对你重要的、你热切渴望的东西时,你就会迎来脆弱。事情越重要,你失去的就越多,你可能会感到更强烈的焦虑、自我怀疑和冒名顶替感。随着你的职位越来越多,你并不能证明你内心的冒充者是错的。相反,即使你自己并不觉得自己是专家,人们也会期待你表现出更强的专业性。

好消息

尽管我仍有冒名顶替感,仍会感到焦虑,但我也感到我比以往任何时候都更有活力。追求你想要的东西,活出完整尽兴的人生(而非仅仅追求短暂的快乐),会给你带来力量感、自豪感、掌控感、成就感以及惊喜和奇迹。

你现在也具备了走上这条路的能力。你有智慧,能够识别在每个当下你想要成为的那个"我"。你明白了究竟是什么阻碍了你——面对自我限制的信念和痛苦的情绪,只会开启"自动驾驶模式"。你也理解了,逃避情感上的痛苦可能会在短期内让你感觉好一些,但长期来看却会让你陷入困境。你有练习接纳这些痛苦的能力——为了追求自己渴望的,打开自己,允许不适存在。

你现在可以成为一个好奇而冷静的观察者，观察自己的想法和内心叙事，而不是毫无收获地被它们左右。你能够通过让来自他人和自己的同情流入自己来回应你的内在批评家，你还可以与你的社群建立联系，得到额外的支持。

希望你已经走出了舒适区，运用你所学的技能克服了曾经阻挡你的障碍。然而，在很多情况下，你也可能做不到。我也一样，可能今天我们都做不到（就算不是今天，早晚都会）。但正如拳击手舒格·雷·伦纳德所说："如果你从未经历过失败，你就永远不会知道成功是什么。"失败帮助我们学习，而培养心理灵活性是一个持续的过程。没有所谓的终点，不必大声宣告"啊哈！我做到了！我现在心理很灵活！"。我们必须一次又一次地面对脆弱和其他具有挑战性的内心体验，每次都需要做出选择。（所以基本上是每时每刻都在这么做。）

在某些领域，改变会更容易些，而在其他领域则更难。我在职业和写作生涯中能够很好地练习心理灵活性，但作为父母，我还在努力。然而，当我在某一刻对孩子失去耐心时，我可以选择在下一刻成为自己想要成为的那个"我"，然后为此道歉，给孩子们树立一个"自己的错误自己负责"（这是我的价值观之一）的榜样。我的朋友玛丽，你在第十二章中读到的，是一位非常厉害的医疗保健行业的CEO，她在工作中遇到的挑战一个接一个。她在这个行业工作了二十多年，尽管简历上有着副总裁、创始人和CEO等金光闪闪的头衔，但她仍然因为自己没有研究生学历而感到担忧。她甚至问我："你怎么知道你有冒名顶替综合征的，还是说你真的就是个冒牌货？"她这么问是因为她觉得自己就是！然而，她依靠自己的同伴关系，加入了像Chief（一个女性领导者的私人网络）和Portfolia（一个全女性投资者团体）这样的组织，这给了她勇气，即使在她觉得自己力不从心的时候，也能勇往直前。

对自己有耐心。把自己想象成一棵橡树。橡树生长缓慢，可是生长缓慢的树木更强壮。或者像一棵河桦。河桦的枝条非常柔韧，这意味着它会弯曲但不会折断。更重要的是，当大风吹弯了河桦的时候，它的内部会长出额外的结构，去巩固枝干，使它变得更强壮。所以，慢慢成长，当风起时，练习灵活性。渐渐地，你就会变得更强大，活出生命的全部，朝着自己的目标坚定地越走越远。

本书的独特之处

许多关于成功和成长的书籍都侧重于设定目标——通常是SMART目标，即目标具有确定性、可衡量性、可达成性、相关性和时限性——这肯定是有帮助的。然而，尽管我们可以设定SMART职业目标，比如每月写一份简报或准备一场TED演讲，但我们实际上无法决定在写作和准备过程之外还会发生什么。我们可能才华横溢，对行业了如指掌，写出了世界上最精彩的内容，但可能依然无法达到期望的阅读量，或者我们的TED演讲还是没有引起大家的共鸣。作为专业人士，我们需要充分理解我们的初心。这个初心就是我们持续行动的动力。再加上，我们调整了与想法和感受的关系，我们才能够在失望、自我怀疑、沮丧和嫉妒中坚持下去。而坚持——敢于行动——是让我们期望的结果更有可能实现的唯一途径，尽管它永远无法成为保证。

在临近尾声时，让我们暂停一会儿，来重温一下初心。想一个目标，然后问问自己为什么要实现它。把你的答案写下来，可以是长篇大论,也可以是简单要点。当你再次遭遇拒绝时,或者看到别人取得了你梦寐以求的职业里程碑时(甚至你认为他可能还不如你有才华或不如你努力),或者当你的帖子无人评论时,或者当你的内心在说你不够好、你是个骗子,并试图说服你放弃追求梦想时,是什么让你坚持下去并继续前行?为什么你会继续前进?

当米开朗基罗被问及如何创作出像《大卫》这样的伟大雕塑时,他解释说,他想象着雕塑的成品已经存在于大理石块中。那他就一点一点地凿去多余的部分,把里面已经存在的作品一点点露出来。那些你想象中比你更聪明、更好或更成功的人,并不见得拥有许多你没有的品质,他们只是凿去了遮住自己最好一面的那部分。你也可以利用新学会的心理灵活性技能,凿去你的经验性逃避,展现出一个大胆、勇敢、不惧伤害的自己——一个活出生命的全部的你。

允许我为你"铺"一条路

当儿童心理学家、助理教授金·古沙纳斯(Kim Gushanas)受邀向医学生们教授接纳承诺疗法时,她感到焦虑和有压力。这是她在精神病学系担任教员的第一年,面对一群医学博士,她都有点害怕了。她想,"我凭什么教医学生?他们根本不在乎心理学"。她上课的对象是那些希望在诊疗中更加人性化的内科医生,然而她的理智却告诉她,他们不会重视她讲的内容。尽管她在医学心理学研究和实践方面有着深厚的背景,但她还是想跟系主任联系,建议请一位更有经验的人来。

然后她意识到了自己的想法有些问题。

第十四章　继续前行

金回到了当下，意识到了自己内心试图逃避的不适和挥之不去的自我批评。她允许焦虑和自我怀疑的存在，认识到自己可以不自信，同样，如果这件事对她来说很重要，她也可以继续前行。她以一种好奇又超脱的方式观察着自己的冒充者想法，意识到它们其实是在试图保护她免受失败，但这样却无法帮助她活出完整、尽兴的自己。她也在遵循自己的价值观。具体来说，金的职业使命是将现代科学和循证实践引入历史上传统的教育空间（比如她那个偏向精神分析的精神病学项目）。她告诉自己，即使我只播下一颗他们觉得有用的种子，这也值得去做。她意识到，尽管有恐惧和冒名顶替感，但她必须为了自己的价值观去做这件事。金运用心理灵活性，成了自己内心深处最渴望成为的那个"我"。

100名医学生和十几名教职员工参加了金的讲座。在我们的采访中，仅仅因为回忆这段经历，她的焦虑就又回来了。当我问她讲座进行得如何时，金说她觉得还不错，但事实是，她没有得到任何反馈。她不得不忍受由于不知道讲座效果如何而带来的不确定性。尽管如此，她还是为自己选择坚持到底而感到高兴。是的，她感到焦虑、害怕、充满自我怀疑和冒名顶替感。但她也感到自豪、有力量、成就满满。我们可以同时有多种想法和感受，并选择基于价值观去行动，无论发生什么。

你如何能做到同样的事情呢？心理灵活性技能，可以用一个易于记忆的缩写来概括，即PAVE。

P：暂停（Pause）并回到当下——深吸一口气，保持正念，意识到自己的想法和感受。

A：接受（Accept）——允许不适的内在体验的存在，放下评判和抗拒。

V：价值观（Values）——明确什么对你来说是重要的，以及当下你最渴望成为的自己。

E：执行（Execute）——让你的手、脚或嘴（你仅有的可控的东西）遵循你的价值观行动。

我喜欢将心理灵活的生活方式想象成活在每一个当下，按照你个人选择的、完全真实的自我出现在每一个当下。你怎么知道自己是否是以真实的状态出现的呢？这就像一个真正好的品牌策略。当一个人有一个稳定的品牌策略时，他们的设计就能一眼被认出来——不需要他们自我介绍，你就知道他们是谁。当我看到布伦妮·布朗在社交媒体发布的帖子时，我知道那肯定是她，因为字体、颜色、形状、纹理、线条以及明暗阴影，每一处都体现了她的特色。把这些设计元素想象成构成你真实自我的价值观。那么你的品牌隐喻手册看起来会是什么样的？标题字体＝开放；正文字体＝诚实；手写字体＝趣味；十六进制颜色＝好奇、冒险、勇敢、大胆；公司标识＝正直。你可以统一你所使用的品牌设计，这样，你的自我就能以易于识别、真实、心理灵活的方式呈现出来。

在《用心去活》中，伊丽莎白·库伯勒－罗斯和大卫·凯斯勒总结了他们几十年来与临终者交谈时学到的14个最重要人生经验[1]。这些经验旨在解决库伯勒－罗斯所说的生活中最大的独一份的问题：未竟之事。这些经验——比如爱、本真和玩乐——旨在鼓励活着的人现在就去完成他们的未竟之事。同样的，你可以选择不再过那种躲在舒适区的生活——记得，去改变你与内在世界的关系，让它不再阻碍你——当然，你也可以就趁现在，去追求对你而言至关重要的生活。

现在，走出去，继续前行吧。

参考文献

第一章　你可能是个冒牌货

1. Pauline Rose Clance and Suzanne Ament Imes, "The Impostor Phenomenon in High Achieving Women," *Psychotherapy Theory, Research and Practice* 15, no. 3 (1978): 1–8; J. Kruger and D. Dunning, "Unskilled and Unaware of It: How Difficulties in Recognizing One's Own Incompetence Lead to Inflated Self-Assessments," *Journal of Personality and Social Psychology* 77, no. 6 (1999): 1121–1134.
2. R. O. McElwee and Tricia J. Yurak, "The Phenomenology of the Impostor Phenomenon," *Individual Differences Research* 8, no. 3 (2010): 184–197.
3. Clance and Imes, "The Impostor Phenomenon," 1–8; Kruger and Dunning, "Unskilled and Unaware of It," 1121–1134.
4. Valerie Young, *The Secret Thoughts of Successful Women: Why Capable People Suffer from the Impostor Syndrome and How to Thrive in Spite of It* (Crown Business, 2011); Adam Grant, *Think Again: The Power of Knowing What You Don't Know* (Viking, 2021).
5. Kruger and Dunning, "Unskilled and Unaware of It," 1121–1134.
6. Janet Helms, *The Power Dynamics of White Racial Identity in Social Interactions* (plenary address, Association for Contextual Behavioral Science World Conference, Dublin, June 28, 2019).
7. Kevin Cokley, Shannon McClain, Alicia Enciso, and Mercedes Martinez, "An Examination of the Impact of Minority Status Stress and Impostor Feelings on the Mental Health of Diverse Ethnic Minority College Students," *Journal of Multicultural Counseling and Development* 41, no. 2 (2013): 82–95.
8. Clance and Imes, "The Impostor Phenomenon," 1–8; Kruger and Dunning, "Unskilled and Unaware of It," 1121–1134; Valerie Young, *The Secret Thoughts*

of Successful Women; Sijia Li, Jennifer L. Hughes, and Su Myat Thu, "The Links Between Parenting Styles and Imposter Phenomenon," *Psi Chi Journal of Psychological Research* 19, no. 2 (2014).

9. Dena M. Bravata, Sharon A. Watts, Autumn L. Keefer, Divya K. Madhusudhan, Katie T. Taylor, Dani M. Clark, Ross S. Nelson, Kevin O. Cokley, and Heather K. Hagg, "Prevalence, Predictors, and Treatment of Impostor Syndrome: A Systematic Review," *Journal of General Internal Medicine* 35, no. 4 (2020): 1252–1275.

10. Rebecca L. Badawy, Brooke A. Gazdag, Jefrey R. Bentley, and Robyn L. Brouer, "Are All Impostors Created Equal? Exploring Gender Differences in the Impostor Phenomenon-Performance Link," *Personality and Individual Differences* 131 (2018): 156–163.

11. Ruchika Tulshyan and Jodi-Ann Burey, "Stop Telling Women They Have Imposter Syndrome," *Harvard Business Review* (February 11, 2021), https://hbr.org/2021/02/stop-telling-women-they-have-imposter-syndrome.

12. Jefrey E. Young, Janet S. Klosko, and Marjorie E. Weishaar, *Schema Therapy* (New York: Guilford, 2003), 254.

13. Yuval Noah Harari, *Sapiens: A Brief History of Humankind* (New York: Harper, 2014).

第二章　你是哪种类型的冒充者

1. Jill A. Stoddard and Niloofar Afari, *The Big Book of ACT Metaphors: A Practitioner's Guide to Experiential Exercises and Metaphors in Acceptance and Commitment Therapy* (New Harbinger Publications, 2014).

2. Valerie Young, *The Secret Thoughts of Successful Women: Why Capable People Suffer from the Impostor Syndrome and How to Thrive in Spite of It* (Crown Business, 2011).

3. Michael Herold, "What If I Had a Time Machine?," TEDxVienna video, filmed in 2015, https://www.youtube.com/watch?v=dbx_rzZYH5Q.

4. Carol S. Dweck, *Mindset: The New Psychology of Success* (Random House Digital, 2008).

5. Janina Scarlet, "Superwomen: Discovering Our Inner Superpowers," TEDxLenox Village Women video, filmed in 2020, https://www.ted.com/talks/janina_scarlet_ph_d_super_women_discovering_our_inner_superpowers ; Janina

Scarlet, "This Is Your Origin Story," TEDxAkitaIntlU video, filmed in 2020, https://www.ted.com/talks/janina_scarlet_this_is_your_origin_story.
6. Young, *The Secret Thoughts of Successful Women*, 130.

第三章　无法治愈（但另有出路）

1. Valerie Young, *The Secret Thoughts of Successful Women: Why Capable People Suffer from the Impostor Syndrome and How to Thrive in Spite of It* (Crown Business, 2011).
2. Young, *The Secret Thoughts of Successful Women*, 19.
3. Ruchika Tulshyan and Jodi-Ann Burey, "Stop Telling Women They Have Imposter Syndrome," *Harvard Business Review* (February 11, 2021), https://hbr.org/2021/02/stop-telling-women-they-have-imposter-syndrome.
4. Alicia Menendez, *The Likability Trap* (Harper Business, 2019).
5. Young, *The Secret Thoughts of Successful Women*.
6. Tomas Chamorro-Premuzic, *Why Do So Many Incompetent Men Become Leaders? (And How to Fix It)* (Harvard Business Press, 2019).
7. Basima A. Tewfik, "The Impostor Phenomenon Revisited: Examining the Relationship Between Workplace Impostor Thoughts and Interpersonal Effectiveness at Work," *Academy of Management Journal* 65, no. 3 (June 2022).
8. Basima Tewfik, "Found Out or Psyched Up: How and When Workplace Impostor Thoughts Breed Mastery at Work," *Academy of Management Proceedings* 2020, no. 1 (August 2020): 11648.
9. Adam Grant, *Think Again: The Power of Knowing What You Don't Know* (Viking, 2021).
10. Tara Mohr, *Playing Big: Find Your Voice, Your Mission, Your Message* (Avery, 2015).
11. Steven C. Hayes, Kirk D. Strosahl, and Kelly G. Wilson, *Acceptance and Commitment Therapy: The Process and Practice of Mindful Change* (Guilford, 2011).
12. Andrew T. Gloster, Noemi Walder, Michael Levin, Michael Twohig, and Maria Karekla, "The Empirical Status of Acceptance and Commitment Therapy: A Review of Meta-Analyses," *Journal of Contextual Behavioral Science* 18 (October 2020): 181–192.

13. Hayes, Strosahl, and Wilson, *Acceptance and Commitment Therapy*.
14. Amrisha Vaish, Tobias Grossmann, and Amanda Woodward, "Not All Emotions Are Created Equal: The Negativity Bias in Social-Emotional Development," *Psychological Bulletin* 134, no. 3 (2008): 383.
15. Katherine Vytal and Stephan Hamann, "Neuroimaging Support for Discrete Neural Correlates of Basic Emotions: A Voxel-Based Meta-Analysis," *Journal of Cognitive Neuroscience* 22, no. 12 (2010): 2864–2885.
16. Päivi Lappalainen, Katariina Keinonen, Inka Pakkala, Raimo Lappalainen, and Riku Nikander, "The Role of Thought Suppression and Psychological Inflexibility in Older Family Caregivers' Psychological Symptoms and Quality of Life," *Journal of Contextual Behavioral Science* 20 (2021): 129–136.

第四章 摆脱自动驾驶：活在当下的馈赠

1. Joel Hoomans, "35,000 Decisions: The Great Choices of Strategic Leaders," *Leading Edge*, March 20, 2015, https://go.roberts.edu/leadingedge/the-great-choices-of-strategic-leaders.
2. Daniel Kahneman, *Thinking, Fast and Slow* (Macmillan, 2011).
3. Kendra Cherry, "How We Use Selective Attention to Filter Information and Focus," *Verywell Mind*, June 10, 2022, https://www.verywellmind.com/what-is-selective-attention-2795022#:~:text=Selective%20attention%20is%20the%20process,and%20focus%20on%20what%20matters.
4. Daniel J. Schad and Ralf Engbert, "The Zoom Lens of Attention: Simulating Shuffled Versus Normal Text Reading Using the SWIFT Model," *Visual Cognition* 20, no. 4–5 (2012): 391–421.
5. Jordana Cepelewicz, "To Pay Attention, the Brain Uses Filters, Not a Spotlight," *Quanta Magazine*, September 24, 2019, https://www.quantamagazine.org/to-pay-attention-the-brain-uses-filters-not-a-spotlight-20190924/
6. Yair Bar-Haim, Dominique Lamy, Lee Pergamin, Marian J. Bakermans-Kranenburg, and Marinus H. Van Ijzendoorn, "Threat-Related Attentional Bias in Anxious and Nonanxious Individuals: A Meta-Analytic Study," *Psychological Bulletin* 133, no. 1 (2007): 1.
7. Brené Brown, *The Call to Courage*, 2019, Netflix special, https://www.netflix.com/title/81010166.
8. Jon Kabat Zinn, "Wherever You Go, There You Are: Mindfulness Meditation in

Everyday Life," *Hyperion* (1994): 78–80.
9. Ruth Q. Wolever, Kyra J. Bobinet, Kelley McCabe, Elizabeth R. Mackenzie, Erin Fekete, Catherine A. Kusnick, and Michael Baime, "Effective and Viable Mind-Body Stress Reduction in the Workplace: A Randomized Controlled Trial,"*Journal of Occupational Health Psychology* 17, no. 2 (2012): 246.
10. Rollin McCraty, Mike Atkinson, and Dana Tomasino, "Impact of a Workplace Stress Reduction Program on Blood Pressure and Emotional Health in Hypertensive Employees," *Journal of Alternative and Complementary Medicine* 9, no. 3 (June 2003): 355–369.
11. Anna F. Dawson, William W. Brown, Joanna Anderson, Bella Datta, James N. Donald, Karen Hong, Sophie Allan, Tom B. Mole, Peter B. Jones, and Julieta Galante, "Mindfulness-Based Interventions for University Students: A Systematic Review and Meta-Analysis of Randomised Controlled Trials," *Applied Psychology: Health and Well-Being* 12, no. 2 (2020): 384–410; Dawn Querstret, Linda Morison, Sophie Dickinson, Mark Cropley, and Mary John, "Mindfulness-Based Stress Reduction and Mindfulness-Based Cognitive Therapy for Psychological Health and Well-Being in Nonclinical Samples: A Systematic Review and Meta-Analysis," *International Journal of Stress Management* 27, no. 4 (2020): 394–411.
12. Jon Kabat-Zinn, "An Outpatient Program in Behavioral Medicine for Chronic Pain Patients Based on the Practice of Mindfulness Meditation: Theoretical Considerations and Preliminary Results," *General Hospital Psychiatry* 4, no. 1 (1982): 33–47.
13. Jon Kabat-Zinn, Elizabeth Wheeler, Timothy Light, Anne Skillings, Mark J. Scharf, Thomas G. Cropley, David Hosmer, and Jefrey D. Bernhard, "Influence of a Mindfulness Meditation-Based Stress Reduction Intervention on Rates of Skin Clearing in Patients with Moderate to Severe Psoriasis Undergoing Photo Therapy (UVB) and Photochemotherapy (PUVA)," *Psychosomatic Medicine* 60, no. 5 (1998): 625–632.
14. Kenneth H. Kaplan, Don L. Goldenberg, and Maureen Galvin-Nadeau, "The Impact of a Meditation-Based Stress Reduction Program on Fibromyalgia," *General Hospital Psychiatry* 15, no. 5 (1993): 284–289.
15. Molly Cairncross and Carlin J. Miller, "The Effectiveness of Mindfulness-Based Therapies for ADHD: A Meta-Analytic Review," *Journal of Attention*

Disorders 24, no. 5 (2020): 627–643.
16. Nora Suleiman-Martos, Jose L. Gomez-Urquiza, Raimundo Aguayo-Estremera, Guillermo A. Cañadas-De La Fuente, Emilia I. De La Fuente-Solana, and Luis Albendín-García, "The Effect of Mindfulness Training on Burnout Syndrome in Nursing: A Systematic Review and Meta-Analysis," *Journal of Advanced Nursing* 76, no. 5 (2020): 1124–1140.
17. Patrick K. Hyland, R. Andrew Lee, and Maura J. Mills, "Mindfulness at Work: A New Approach to Improving Individual and Organizational Performance," *Industrial and Organizational Psychology* 8, no. 4 (2015): 576–602.
18. Theresa M. Glomb, Michelle K. Dufy, Joyce E. Bono, and Tao Yang, "Mindfulness at Work," in *Research in Personnel and Human Resources Management*, ed. Aparna Joshi, Hui Liao, and Joseph J. Martocchio (Emerald Publishing, 2011), 30:115–157.
19. David M. Levy, Jacob O. Wobbrock, Alfred W. Kaszniak, and Marilyn Ostergren, "The Effects of Mindfulness Meditation Training on Multitasking in a High-Stress Information Environment," in *Proceedings of Graphics Interface 2012* (Canadian Information Processing Society, 2012), 45–52.
20. Chad Dube, Caren M. Rotello, and Evan Heit, "Assessing the Belief Bias Effect with ROCs: It's a Response Bias Effect," *Psychological Review* 117, no. 3 (2010): 831.
21. Richard J. Davidson, Jon Kabat-Zinn, Jessica Schumacher, Melissa Rosenkranz, Daniel Muller, Saki F. Santorelli, Ferris Urbanowski, Anne Har-rington, Katherine Bonus, and John F. Sheridan, "Alterations in Brain and Immune Function Produced by Mindfulness Meditation," *Psychosomatic Medicine* 65, no. 4 (2003): 564–570.
22. Meredith Wilson, "Chicken Fat," Capitol Records, 1962.
23. Tara Brach, "Tara Talks: Pain x Resistance = Sufering," released on May 2, 2018, YouTube video, https://youtu.be/3JywTh5O8ys.
24. Elisabeth Kübler-Ross and David Kessler, *Life Lessons: Two Experts on Death and Dying Teach Us About the Mysteries of Life and Living* (Simon and Schuster, 2012).

第五章　牢记初心：对于最终的意义日益清晰

1. Kathryn E. Williams, Joseph Ciarrochi, and Patrick CL Heaven, "Inflexible

Parents, Inflexible Kids: A 6-Year Longitudinal Study of Parenting Style and the Development of Psychological Flexibility in Adolescents," *Journal of Youth and Adolescence* 41, no. 8 (2012): 1053–1066.
2. Jenna LeJeune and Jason B. Luoma, *Values in Therapy: A Clinician's Guide to Helping Clients Explore Values, Increase Psychological Flexibility, and Live a More Meaningful Life* (New Harbinger Publications, 2019).
3. Andrew T. Gloster, Jens Klotsche, Joseph Ciarrochi, Georg Eifert, Rainer Sonntag, Hans-Ulrich Wittchen, and Jürgen Hoyer, "Increasing Valued Behaviors Precedes Reduction in Sufering: Findings from a Randomized Controlled Trial Using ACT," *Behaviour Research and Therapy* 91 (2017): 64–71.
4. Jack Brehm, *A Theory of Psychological Reactance* (Academic Press, 1966).
5. LeJeune and Luoma, *Values in Therapy*.
6. John T. Blackledge and Steven C. Hayes, "Emotion Regulation in Acceptance and Commitment Therapy," *Journal of Clinical Psychology* 57, no. 2 (2001): 243–255.
7. Steven C. Hayes, Kirk D. Strosahl, and Kelly G. Wilson, *Acceptance and Commitment Therapy: The Process and Practice of Mindful Change* (Guilford, 2011).
8. LeJeune and Luoma, *Values in Therapy*.
9. Yael Schonbrun, Debbie Sorensen, and Jill Stoddard, "Values During Times of Transition," February 16, 2022, in *Psychologists off the Clock*, podcast, https://offtheclockpsych.com/238-values-transition/.
10. Steven C. Hayes, *Get Out of Your Mind and Into Your Life: The New Acceptance and Commitment Therapy* (New Harbinger Publications, 2005).

第六章　看淡结果

1. James Clear, *Atomic Habits: An Easy & Proven Way to Build Good Habits & Break Bad Ones* (Penguin, 2018), 33.
2. Ayelet Fishbach, *Get It Done: Surprising Lessons from the Science of Motivation* (Little, Brown Spark, 2022).
3. Jill A. Stoddard and Niloofar Afari, *The Big Book of ACT Metaphors: A Practitioner's Guide to Experiential Exercises and Metaphors in Acceptance and Commitment Therapy* (New Harbinger Publications, 2014).
4. Jenna LeJeune and Jason B. Luoma, *Values in Therapy: A Clinician's Guide to*

Helping Clients Explore Values, Increase Psychological Flexibility, and Live a More Meaningful Life (New Harbinger Publications, 2019).
5. Fishbach, *Get It Done*.

第七章　严苛的内在批评家

1. John T. Cacioppo, Stephanie Cacioppo, and Jackie K. Gollan, "The Negativity Bias: Conceptualization, Quantification, and Individual Differences," *Behavioral and Brain Sciences* 37, no. 3 (2014): 309.
2. Richard M. Wenzlaf and Daniel M. Wegner, "Thought Suppression," *Annual Review of Psychology* 51, no. 1 (2000): 59–91.
3. Daniel M. Wegner, David J. Schneider, Samuel R. Carter, and Teri L. White, "Paradoxical Effects of Thought Suppression," *Journal of Personality and Social Psychology* 53, no. 1 (1987): 5.
4. Julie Tseng and Jordan Poppenk, "Brain Meta-State Transitions Demarcate Thoughts Across Task Contexts Exposing the Mental Noise of Trait Neuroticism," *Nature Communications* 11, no. 1 (2020): 1–12.
5. Amrisha Vaish, Tobias Grossmann, and Amanda Woodward, "Not All Emotions Are Created Equal: The Negativity Bias in Social-Emotional Development," *Psychological Bulletin* 134, no. 3 (2008): 383.
6. Jefrey E. Young, Janet S. Klosko, and Marjorie E. Weishaar, *Schema Therapy* (New York: Guilford, 2003), 254.
7. Julie Lythcott-Haims, "A Doctor Held Me Hostage for Thirty Years: I'm Ridding Myself of His Grasp," *Julie's Pod*, November 28, 2021, https://jlythcotthaims.bulletin.com/328375265376011.
8. Cacioppo, Cacioppo, and Gollan, "The Negativity Bias," 309.

第八章　选择何时倾听（以及如何屏蔽）

1. Michael W. Eysenck, Karin Mogg, Jon May, Anne Richards, and Andrew Mathews, "Bias in Interpretation of Ambiguous Sentences Related to Threat in Anxiety," *Journal of Abnormal Psychology* 100, no. 2 (1991): 144.
2. Aaron T. Beck, *Depression: Clinical, Experimental, and Theoretical Aspects* (New York: Harper Row, 1967).
3. Marsha Linehan, *DBT Skills Training Manual* (Guilford, 2014).

4. Daniel J. Siegel and Tina Payne Bryson, *The Whole-Brain Child: 12 Revolutionary Strategies to Nurture Your Child's Developing Mind* (Random House Digital, 2011).

第九章　恐惧、自我怀疑、羞耻感，以及舒适区的诱惑

1. Steven C. Hayes, Kirk D. Strosahl, and Kelly G. Wilson, *Acceptance and Commitment Therapy: The Process and Practice of Mindful Change* (Guilford, 2011).
2. Katy Milkman, *How to Change: The Science of Getting from Where You Are to Where You Want to Be* (Penguin, 2021).
3. Daniel Kahneman, *Thinking, Fast and Slow* (Macmillan, 2011).
4. Milkman, *How to Change*.
5. Roy F. Baumeister, "Ego Depletion and Self-Regulation Failure: A Resource Model of Self-Control," *Alcoholism: Clinical and Experimental Research* 27, no. 2 (2003): 281–284.
6. Nir Eyal, *Indistractable: How to Control Your Attention and Choose Your Life* (BenBella Books, 2019).
7. Evan C. Carter, Lilly M. Kofler, Daniel E. Forster, and Michael E. McCullough, "A Series of Meta-Analytic Tests of the Depletion Effect: Self-Control Does Not Seem to Rely on a Limited Resource," *Journal of Experimental Psychology: General* 144, no. 4 (2015): 796.
8. Veronika Job, Carol S. Dweck, and Gregory M. Walton, "Ego Depletion—Is It All in Your Head? Implicit Theories About Willpower Affect Self-Regulation," *Psychological Science* 21, no. 11 (2010): 1686–1693.
9. *Friends*, season 3, episode 2, "The One Where No One's Ready," directed by Gail Mancuso, aired September 26, 1996, on NBC.
10. Robert Waldinger, "What Makes a Good Life? Lessons from the Longest Study of Happiness," TEDxBeaconStreet video, filmed November 2015 in Brookline, Massachusetts, https://www.ted.com/talks/robert_waldinger_what_makes_a_good_life_lessons_from_the_longest_study_on_happiness.
11. Jason B. Luoma, Barbara S. Kohlenberg, Steven C. Hayes, and Lindsay Fletcher, "Slow and Steady Wins the Race: A Randomized Clinical Trial of Acceptance and Commitment Therapy Targeting Shame in Substance Use Disorders," *Journal of Consulting and Clinical Psychology* 80, no. 1 (2012): 43.

12. Toni Schmader and Brian Lickel, "The Approach and Avoidance Function of Guilt and Shame Emotions: Comparing Reactions to Self-Caused and Other-Caused Wrongdoing," *Motivation and Emotion* 30, no. 1 (2006): 42–55.
13. Brené Brown, *Dare to Lead: Brave Work. Tough Conversations. Whole Hearts* (Random House, 2018).
14. Janina Scarlet, *Unseen, Unheard, and Undervalued: Managing Loneliness, Loss of Connection and Not Fitting In* (Robinson, 2023).
15. Brené Brown, *The Power of Vulnerability: Teachings on Authenticity, Connection, and Courage*, audiobook, read by the author (Sounds True, 2012).

第十一章　学会在不适中舒适

1. Elisabeth Kübler-Ross and David Kessler, *Life Lessons: Two Experts on Death and Dying Teach Us About the Mysteries of Life and Living* (Simon and Schuster, 2012).
2. Ana I. Masedo and M. Rosa Esteve, "Effects of Suppression, Acceptance and Spontaneous Coping on Pain Tolerance, Pain Intensity and Distress," *Behaviour Research and Therapy* 45, no. 2 (2007): 199–209.
3. Vendela Westin, Richard Östergren, and Gerhard Andersson, "The Effects of Acceptance Versus Thought Suppression for Dealing with the Intrusiveness of Tinnitus," *International Journal of Audiology* 47, no. S2 (2008): S112–S118.
4. Lance M. McCracken, "Learning to Live with the Pain: Acceptance of Pain Predicts Adjustment in Persons with Chronic Pain," *Pain* 74, no. 1 (1998): 21–27.
5. Jill T. Levitt, Timothy A. Brown, Susan M. Orsillo, and David H. Barlow, "The Effects of Acceptance Versus Suppression of Emotion on Subjective and Psychophysiological Response to Carbon Dioxide Challenge in Patients with Panic Disorder," *Behavior Therapy* 35, no. 4 (2004): 747–766.

第十二章　在一起，我们可以：联结社群，改变世界

1. National Center for Education Statistics, *High School and Beyond, 1980: A Longitudinal Survey of Students in the United States* (Inter-university Consortium for Political and Social Research, 2006).
2. Kelly McGonigal, *The Joy of Movement: How Exercise Helps Us Find*

Happiness, Hope, Connection, and Courage (Penguin, 2019).
3. Jessica Lahey, *The Addiction Inoculation: Raising Healthy Kids in a Culture of Dependence* (Harper, 2021).
4. Jay J. Van Bavel and Dominic J. Packer, *The Power of Us: Harnessing Our Shared Identities to Improve Performance, Increase Cooperation, and Promote Social Harmony* (Little, Brown Spark, 2021).
5. Ning Xia and Huige Li, "Loneliness, Social Isolation, and Cardiovascular Health," *Antioxidants & Redox Signaling* 28, no. 9 (2018): 837–851.
6. Eve Rodsky, *Find Your Unicorn Space: Reclaim Your Creative Life in a Too-Busy World* (Penguin, 2021).
7. Ed O'Brien and Samantha Kassirer, "People Are Slow to Adapt to the Warm Glow of Giving," *Psychological Science* 30, no. 2 (2019): 193–204.
8. Ericka Sóuter, *How to Have a Kid and a Life: A Survival Guide* (Sounds True, 2021).
9. Geena Davis Institute on Gender in Media (website), https://seejane.org.
10. Callie Womble Edwards, "Overcoming Imposter Syndrome and Stereotype Threat: Reconceptualizing the Definition of a Scholar," *Taboo: The Journal of Culture and Education* 18, no. 1 (2019): 3.
11. Steven J. Spencer, Christine Logel, and Paul G. Davies, "Stereotype Threat," *Annual Review of Psychology* 67, no. 1 (2016): 415–437.
12. Michael Johns, Toni Schmader, and Andy Martens, "Knowing Is Half the Battle: Teaching Stereotype Threat as a Means of Improving Women's Math Performance," *Psychological Science* 16, no. 3 (2005): 175–179.
13. Zoe Chance, *Influence Is Your Superpower: The Science of Willing Hearts, Sparking Change, and Making Good Things Happen* (Random House, 2022).
14. Shiri Cohen, Marc S. Schulz, Emily Weiss, and Robert J. Waldinger, "Eye of the Beholder: The Individual and Dyadic Contributions of Empathic Accuracy and Perceived Empathic Effort to Relationship Satisfaction," *Journal of Family Psychology* 26, no. 2 (2012): 236.
15. Juliana Schroeder, Michael Kardas, and Nicholas Epley, "The Humanizing Voice: Speech Reveals, and Text Conceals, a More Thoughtful Mind in the Midst of Disagreement," *Psychological Science* 28, no. 12 (2017): 1745–1762.
16. Jack Brehm, *A Theory of Psychological Reactance* (Academic Press, 1966).
17. Zoe Chance, "How to Make a Behavior Addictive," TEDxMillRiver video,

filmed in 2013, https://www.youtube.com/watch?v=AHfiKav9fcQ.
18. Adam Grant, *Think Again: The Power of Knowing What You Don't Know* (Penguin, 2021).

第十三章　自我同情

1. Kristin Neff, *Fierce Self-Compassion: How Women Can Harness Kindness to Speak Up, Claim Their Power, and Thrive* (Penguin UK, 2021).
2. Paul Gilbert, *Compassion Focused Therapy: Distinctive Features* (Routledge, 2010).
3. Ricks Warren, Elke Smeets, and Kristin Nef, "Self-Criticism and Self-Compassion: Risk and Resilience: Being Compassionate to Oneself Is Associated with Emotional Resilience and Psychological Well-Being," *Current Psychiatry* 15, no. 12 (2016): 18–28.
4. Theodore A. Powers, Richard Koestner, and David C. Zurof, "Self-Criticism, Goal Motivation, and Goal Progress," *Journal of Social and Clinical Psychology* 26, no. 7 (2007): 826–840.
5. Gilbert, *Compassion Focused Therapy*.
6. Nef, *Fierce Self-Dompassion*.
7. Kristin D. Nef and Roos Vonk, "Self-Compassion Versus Global Self-Esteem: Two Different Ways of Relating to Oneself," *Journal of Personality* 77, no. 1 (2009): 23–50.
8. Filip Raes, "Rumination and Worry as Mediators of the Relationship Between Self-Compassion and Depression and Anxiety," *Personality and Individual Differences* 48, no. 6 (2010): 757–761.
9. Kristin D. Neff, Stephanie S. Rude, and Kristin L. Kirkpatrick, "An Examination of Self-Compassion in Relation to Positive Psychological Functioning and Personality Traits," *Journal of Research in Personality* 41, no. 4 (2007): 908–916.
10. Kristin D. Nef, Kristin L. Kirkpatrick, and Stephanie S. Rude, "Self-Compassion and Its Link to Adaptive Psychological Functioning," *Journal of Research in Personality* 41, no. 1 (2007): 139–154.
11. Kristin D. Neff, "Self-Compassion: An Alternative Conceptualization of a Healthy Attitude Toward Oneself," *Self and Identity* 2, no. 2 (2003): 85–102.
12. Kristin D. Neff, "Self-Compassion: Moving Beyond the Pitfalls of a Separate

Self-Concept," in *Transcending Self-Interest: Psychological Explorations of the Quiet Ego*, ed. Jack J. Bauer and Heidi A. Wayment (Washington, DC: APA Books, 2008).
13. Kristin D. Neff, "Self-Compassion, Self-Esteem, and Well-Being," *Social and Personality Psychology Compass* 5, no. 1 (2011): 1–12.
14. Adapted from Jennifer Kemp, *The ACT Workbook for Perfectionism: Build Your Best (Imperfect) Life Using Powerful Acceptance and Commitment Therapy and Self-Compassion Skills* (New Harbinger Publications, 2021).
15. Adapted from Kristin Nef, "Exercise 3: Exploring Self-Compassion Through Writing," Self-Compassion (website), https://self-compassion.org/exercise-3-exploring-self-compassion-writing/.
16. James W. Pennebaker, "Writing About Emotional Experiences as a Therapeutic Process," *Psychological Science* 8, no. 3 (1997): 162–166.
17. Michaela Thomas, *The Lasting Connection: Developing Love and Compassion for Yourself and Your Partner* (Robinson, 2021).
18. Moheb Costandi, *Neuroplasticity* (MIT Press, 2016).
19. James Clear, *Atomic Habits: An Easy & Proven Way to Build Good Habits & Break Bad Ones* (Penguin, 2018).
20. Jason B. Luoma and Melissa G. Platt, "Shame, Self-Criticism, Self-Stigma, and Compassion in Acceptance and Commitment Therapy," *Current Opinion in Psychology* 2 (2015): 97–101.
21. Kevin E. Vowles, Katie Witkiewitz, Gail Sowden, and Julie Ashworth, "Acceptance and Commitment Therapy for Chronic Pain: Evidence of Mediation and Clinically Significant Change Following an Abbreviated Interdisciplinary Program of Rehabilitation," *Journal of Pain* 15, no. 1 (2014): 101–113.

第十四章　继续前行

1. Elisabeth Kübler-Ross and David Kessler, *Life Lessons: Two Experts on Death and Dying Teach Us About the Mysteries of Life and Living* (Simon and Schuster, 2012).

关于作者

吉尔·斯托达德（Jill Stoddard）致力于分享有科学依据的心理学理念，帮助人们蓬勃发展。她是一名心理学家，荣誉教师，专家认证的接纳承诺疗法（ACT）培训师，同时也是广受欢迎的播客节目"心理学家闲暇时光"（Psychologists Off the Clock）的联合主持人。斯托达德博士还著有另外两本书：《勇往直前》和《ACT隐喻大全》。她的作品也常见于《今日心理学》（*Psychology Today*）、《吓人的妈妈》（*Scary Mommy*）、《蓬勃发展全球网》（*Thrive Global*）、《好男人计划》（*Good Men Project*）和《正念回归》（*Mindful Return*）等媒体。她经常受邀参加播客节目，并作为专家为多家媒体提供见解。如今，她与丈夫、两个孩子和一只调皮的法国斗牛犬一起生活在马萨诸塞州的纽伯里波特。